FORSCHUNGSBERICHTE DES LANDES NORDRHEIN-WESTFALEN

Nr. 2062

Herausgegeben im Auftrage des Ministerpräsidenten Heinz Kühn
von Staatssekretär Professor Dr. h. c. Dr. E. h. Leo Brandt

Prof. Dr. Dr. h. c. Dr. E. h. Hans Paul Kaufmann
Dr. rer. nat. Ram S. Hamsagar

Deutsche Gesellschaft für Fettwissenschaft e. V., Münster

Über die Lipoide der Kaffeebohne

SPRINGER FACHMEDIEN WIESBADEN GMBH 1969

ISBN 978-3-663-20061-1 ISBN 978-3-663-20418-3 (eBook)
DOI 10.1007/978-3-663-20418-3

Verlags-Nr. 012062

Ursprünglich erschienen bei Westdeutscher Verlag GmbH, Köln und Opladen 1969

Gesamtherstellung: Westdeutscher Verlag

Inhalt

Inhalt

A. Einleitung

Ein umfangreiches Schrifttum behandelt die botanischen Grundlagen der Kaffeepflanze, die Kultur, die Schädlingsbekämpfung, die Ernte und Aufbereitung, die Qualitätsbestimmung und die Methoden der Röstung sowie wirtschaftliche Fragen [1].

Seit der nun bald 250 Jahre zurückliegenden Einbürgerung der Gattung *coffea arabica* in Brasilien ist die Kaffeebohne zum Grünen Gold (Ouro Verde) dieses Landes geworden. Der devisenbringende Kaffee-Export führte zu einer Überproduktion, die den Produzenten und der Regierung im Hinblick auf volkswirtschaftliche und auch politische Aspekte große Sorgen bereitete. Nachdem die brasilianische Kaffee-Produktion den Gesamtweltbedarf überschritten hatte, griff man zur Aufrechterhaltung des Kaffee-Preises auf dem Weltmarkt in den Jahren 1931 bis 1944 zur planmäßigen Vernichtung der staatlich aufgekauften Vorräte. Große Mengen von Kaffeebohnen wurden damals ins Meer geschüttet oder verbrannt. Daß die Kaffee-Probleme Brasiliens auch heute noch nicht gelöst sind, zeigt ein Blick auf die zahllosen Kaffeeplantagen und in die riesigen Lager mit vielen Millionen Säcken Kaffee. Dazu kommt die wachsende Konkurrenz anderer Kaffee erzeugender Länder. Tab. 1 zeigt die Weltproduktion, Tab. 2 den Anteil der Produktionsländer.

Tab. 1 Kaffee-Produktion der Welt

Jahr	in t	Jahr	in t
1923 — 24	1 420 200	1952 — 53	2 016 600
1928 — 29	1 191 000	1954 — 55	2 006 400
1934 — 35	1 763 400	1955 — 56	2 448 600
1938 — 39	1 798 200	1956 — 57	1 935 600
1943 — 44	1 438 200	1957 — 58	2 524 800
1947 — 48	1 721 400	1958 — 59	2 870 400
1950 — 51	1 900 200		

Tab. 2 Anteil der Kaffee erzeugenden Länder in Prozenten der Gesamtproduktion

	1924—29 %	1934—39 %	1943—48 %	1949—54 %	1954—59 %
Brasilien	64	61	46	48	47
Übriges Südamerika	16	18	23	21	18
Zentralamerika, Mexiko u. Karibien	13	11	14	13	13
Afrika u. Jemen	3	6	13	15	19
Asien (Indische Union und Indonesien)	4	4	4	3	3

[1] s. z. B. K. TÄUFEL, Handbuch der Lebensmittelchemie, Berlin *1934*, Bd. VI, S. 1; G. SÖHN, Kleine Kaffee-Kunde, Verlag Cram, de Gruyter u. Co., Hamburg *1957;* M. W. LINDNER, Warenkunde und Untersuchung von Kaffee, Verlag A. W. Hayn's Erben, Berlin *1955;* P. CIUPKA, Kaffee, Otto Meissners Verlag, Hamburg *1956;* B. ROTHFOS, Kaffee-Handbuch, Verlag de Gruyter u. Co., Hamburg *1960;* C. COOLHAAS, H. J. DE FUITER u. T. P. KOENIG — Tropische und subtropische Weltwirtschaftspflanzen — Kaffee, Verlag Ferdinand Eroke, Stuttgart *1960*.

Tab. 3 Zusammensetzung des Handelskaffees nach Literatur-Angaben

	Rohkaffee Grenzwerte	Mittelwerte	*Gerösteter Kaffee* Grenzwerte	Mittelwerte
Rohfaser	17,7 — 30	24	15,3 — 28	16
Wasser	7,5 — 16,4 (5 —)	10	0,29 — 5,0	2,5
Stickstoffsubstanz (als Eiweiß)	10 — 17,4 (6,1)	12	10,8 — 17,8	14
Fett	7,4 — 16,0 (4,1 — ?)	14	11 — 17	15
Zucker (wohl fast nur Saccharose)	5,5 — 12	9	0,5 — 3	2
Dextrin	0,8 — 0,86	0,8	2,5 — 3,9	1,3
Pentosane	4 — 6 (— 16?)	5	3,0 — ?	3,7
Asche	3 — 6,1	4	4 — 5,5	3,9 — 5,1
wäßriger Extrakt	17,8 — 30,6 (— 37)	27	20,2 — 30,2 (— 34)	25
in Zucker überführbare Kohlenhydrate		0	~ 20	
Chlorogensäure	4 — 8 (7,7?)	6	3,2 — 4,9	3,5
Coffein	0,62 — 3 (— 4?)	1,2	0,7 — 2,6	1,2
Trigonellin	0,3 — 1,3	1,0	0,3 — 0,6	0,4
Cholin	0,02 — 0,055		0,022 — 0,055	0,03
Phytosterin	0,01			
Organische Säuren	0,106 — 0,165			
Ätherisches Öl	0,1 — 0,2		2	

In bezug auf die chemische Zusammensetzung der Kaffeebohne muß auf das Schrifttum verwiesen werden, das sehr unterschiedliche Angaben macht. Tab. 3 gibt eine Zusammenstellung von M. W. LINDNER [2].

Unter den Verwertungsmöglichkeiten der Kaffeebohne wird natürlich das Kaffeegetränk stets im Vordergrund stehen. Daneben liefert die Entcoffeinierung das arzneilich wichtige Coffein, als Nebenprodukt das »Kaffeewachs«, für das eine befriedigende wirtschaftliche Verwendung noch nicht gefunden wurde. Neuerdings stellt man durch Extraktion das »Kaffeeöl« her, das den Fettchemiker interessiert. Damit wird die Kaffeebohne zur Ölsaat. Hier, wie auch im Hinblick auf andere Kaffee-Probleme, ist zunächst eine intensive Grundlagenforschung nötig. Sie hat sich mit der Chemie der Bestandteile der Kaffeebohnen, mit ihren Veränderungen bei dem Röstprozeß, mit den Vorgängen bei den verschiedenen Arten der Getränke-Bereitung, aber auch mit ernährungsphysiologischen und diätetischen Fragen zu beschäftigen.

Die nachstehenden Untersuchungen sind ein Beitrag zum Studium der Chemie und Technologie der Kaffee-Lipoide. Sie geben auch Auskunft über die Veränderung derselben beim Röstprozeß.

[2] M. W. LINDNER, Waren und Untersuchung von Kaffee, Verl. A. W. Hayn's Erb. Berlin *1955*.

B. Hauptteil: Das Kaffeeöl und die Lipoide der Kaffeebohne

I. Herstellung des Kaffeeöles

Das als »Kaffeeöl« bezeichnete technische Produkt ist ein Gemisch verschiedener Lipoide. Es wurde ein aus Brasilien stammendes Rohöl untersucht, aber auch Kaffeebohnen verschiedener Provenienz sowie Kaffee-Rückstände unter Verwendung von Petroläther (Sdp. 35—45° C) mit Hilfe eines Durchlauf-Perkolators extrahiert. Nach ~ 20stündiger Extraktion wurde der Petroläther-Extrakt im Kühlschrank bei 5° C abgekühlt. Dabei fiel ein fester Stoff, hauptsächlich Coffein, aus, der abgesaugt wurde. Der klare Petroläther-Extrakt wurde eingeengt und der Ölgehalt bestimmt. Die Kennzahlen verschiedener Proben wurden nach den DGF-Einheitsmethoden ermittelt. Die erhaltenen Ausbeuten und die Kennzahlen zeigt Tabelle 4.

II. Analyse der Kaffee-Lipoide

Das frühere Kennzahlen-System der Fettanalyse wird mehr und mehr durch die »systematische Fettanalyse« begründet, die, beginnend mit der Enometrie der ungesättigten Fettsäuren (Jodzahl, Hydrierzahl, Rhodanzahl, Dienzahl usw.) heute durch moderne Methoden bereits zu großer Vollkommenheit ausgebildet wurde. Hierbei handelt es sich um die qualitative und quantitative Bestimmung der Fettsäuren, der Glyceride und der Begleitstoffe. Diese Methoden wurden in den nachstehend beschriebenen Versuchen auf das Kaffeeöl angewandt, wobei die Bindung der Fettsäuren an ein Diterpen des Unverseifbaren, das Cafestol, zu einer eingehenderen Bearbeitung desselben und seiner Ester Veranlassung gab.

1. Die Gesamtfettsäuren

Die pc-Analyse der Fettsäuren, die überwiegend von H. P. Kaufmann und seinen Mitarbeitern ausgearbeitet worden ist, stellt eine schnelle, einfache und zuverlässige Methode dar. Mit nur Bruchteilen eines Milligramms ermöglicht sie eine einwandfreie qualitative und quantitative Bestimmung der gesättigten sowie ungesättigten Fettsäuren.

Nach dem ersten Versuch der Fettsäure-Trennung auf unbehandeltem Papier[3] gelang H. P. Kaufmann und W. H. Nitsch[4, 5] eine einwandfreie pc-Trennung der höheren Fettsäuren unter Verwendung von Undecan als Imprägnierungsmittel und Eisessig-Wasser als Fließmittel. Die Chromatogramme wurden durch Behandlung mit Kupferacetat und Kaliumferrocyanid angefärbt. Für die quantitative Auswertung der Papierchromatogramme verwendete man eine photometrische Methode, die zur Ermittlung der relativen Mischungsverhältnisse führte[6, 7]. Durch Anwendung der

[3] Fette und Seifen *52*, 331, 555, 731 (1950); *53*, 69, 253, 385, 390, 406, 408 (1951); *54*, 7, 10, 13, 156, 348 (1952); *55*, 85 (1953)
[4] Fette-Seifen-Anstrichmittel *56*, 154 (1954)
[5] Fette-Seifen-Anstrichmittel *57*, 473 (1955)
[6] H. P. Kaufmann, Fette-Seifen-Anstrichmittel *58*, 492 (1956)
[7] A. Seher, Fette-Seifen-Anstrichmittel *58*, 498 (1956)

Tab. 4 Öl-Gehalt und Kennzahlen von Kaffee verschiedener Provenienz

Provenienz des Kaffees	Flüchtige Bestandteile	Öl-Gehalt	SZ	VZ	JZ	Unv. (%)	Gesamt-Fettsäuren	JZ der Fettsäuren
Technisches Rohöl aus Brasilien	—	—	7,23	182,5	94,40	11,89	78,30	91,69
Santos, roh	8,84	7,04	3,53	176,7	90,96	11,39	78,40	89,66
Columbia, roh	10,89	7,15	3,14	180,0	93,22	11,27	74,70	90,05
Kivu, roh	8,87	6,65	4,16	183,0	92,56	10,42	68,87	88,75
Kaffee-Rückstand	7,25	13,39	12,12	186,7	92,06	9,05	81,57	90,26

Polarographie konnten H. P. Kaufmann und M. M. Deshpande[8] eine Methode für die Absolutmessung von Einzelkomponenten entwickeln. H. P. Kaufmann und A. A. Karabatur[9] stellten fest, daß die Rf-Werte einer einfach ungesättigten Fettsäure und einer um 2 C-Atome kürzeren gesättigten Säure ziemlich gleich sind. Diese Fettsäuren nannte H. P. Kaufmann »kritische Paare« bzw. »Partner«. Sie sind für jedes System charakteristisch. Ihre Trennung gelang auf verschiedene Weise, so z. B. mit Hilfe der Hydrier-Differenz-Methode. Mit der Hydrierung auf dem Papier selbst durch H. P. Kaufmann und D. K. Chowdhury[10] wurde die pc-Analyse der Fettsäuren wesentlich vereinfacht. Von besonderer Bedeutung ist die Auffindung von pc-Systemen, die ein Minimum kritischer Partner liefern. Dies ist in neuerer Zeit auf verschiedenen Wegen gelungen [11, 12, 13]. Von Fall zu Fall ist zu entscheiden, welche Arbeitsweise am zweckmäßigsten ist.

Die Kaffeeöl-Fettsäuren konnten in dem von H. P. Kaufmann und H. Schnurbusch[14] entwickelten System Undecan/Eisessig-Acetonitril (3 : 1) einwandfrei getrennt werden. Für die quantitative Bestimmung wurde gleichzeitig die Hydrierung auf dem Papier vorgenommen und das Chromatogramm nach Anfärbung mit Kupferacetat und Rubeanwasserstoff photometrisch ausgewertet. Abb. 1 zeigt ein Chromatogramm der Kaffeeöl-Fettsäuren. Als Mittelwerte von mehreren Bestimmungen gibt die Tabelle 5 die Zusammensetzung der gesamten Fettsäuren, frei oder gebunden, des Kaffeeöls; zum Vergleich sind die Angaben des Schrifttums[15] angeführt.

A. *Vor der Hydrierung*

Linolsäure

Öl- und Palmitinsäure

Stearinsäure

Arachinsäure

Behensäure

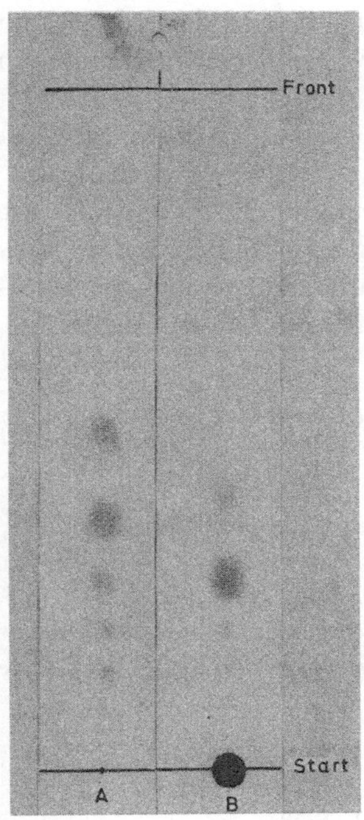

B. *Nach der Hydrierung*

Palmitinsäure

Stearinsäure

Arachinsäure

Behensäure

Abb. 1 Fettsäuren aus Kaffeeöl

[8] Fette-Seifen-Anstrichmittel *60*, 537 (1958)

[9] Die Nahrung 2, 61 (1958); H. P. Kaufmann, H. Kirschnek u. A. A. Karabatur, Fette-Seifen-Anstrichmittel *59*, 620 (1957)

[10] Chem. Ber. *91*, 2117 (1958)

[11] H. P. Kaufmann u. E. Mohr, Fette-Seifen-Anstrichmittel *60*, 165 (1958)

[12] Z. Makus, Diss. Münster (1960)

[13] H. P. Kaufmann u. B. Das, Fette-Seifen-Anstrichmittel *64*, 214 (1962)

[14] H. P. Kaufmann u. H. Schnurbusch, Fette-Seifen-Anstrichmittel *60*, 175 (1958)

[15] E. W. Eckey u. L. P. Miller, Vegetable oils and Fats, Reinhold Publ. Co., New York *1954*, S. 760

Tab. 5 Fettsäure-Zusammensetzung des Rohöles aus Brasil-Kaffeebohnen

	Eigene Werte papierchromatographisch ermittelt	Literatur-Angaben
Linolsäure (%)	39,0	35,8
Ölsäure (%)	17,2	17,3
Myristinsäure (%)	—	3,1
Palmitinsäure (%)	25,3	28,2
Stearinsäure (%)	13,1	12,7
Arachinsäure (%)	4,2	2,9
Behensäure (%)	1,0	—

Myristinsäure konnte in den Lipoiden der Bohnen des Brasil-Kaffees nicht nachgewiesen werden.

Die spektroskopische Auswertung der Isolen-Fettsäuren nach Alkali-Isomerisierung[16] ergab einen Linolsäure-Wert von 40%, der gute Übereinstimmung mit den pc-Werten für Linolsäure (39%) zeigt. Die spektroskopische Bestimmung ergab einen geringen Linolensäure-Gehalt (1,2%), der aber papierchromatographisch nicht mit Sicherheit nachzuweisen war.

Der größte Teil der vorstehend beschriebenen Fettsäuren liegt in Form von Glyceriden vor. Der hohe Prozentsatz an Unverseifbarem (etwa 12%) legt aber die Vermutung nahe, daß sie auch an Bestandteile der Begleitstoffe gebunden sind, eine bisher nicht erkannte Möglichkeit. Unter diesen wird bereits das CAFESTOL beschrieben, das neben einem ähnlichen Diterpen, dem Kahweol, und drei Sterinen – γ-Sitosterin, Dihydrositosterin und Stigmasterin – Bestandteil des Unverseifbaren ist.

2. Die Fettsäure-Ester der Diterpene

a) Cafestol und Kahweol

Cafestol, $C_{20}H_{28}O_3$ (früher auch Cafesterol[17] bzw. Coffeol[18] genannt), wurde von K. H. SLOTTA und K. NEISSER[17] isoliert. K. H. SLOTTA und K. NEISSER[19], K. H. BAUER und R. NEU[18], H. HAUPTMANN und T. FRANKA[20, 21], A. WETTSTEIN und Mitarb.[22–27] sowie P. N. CHAKRAVORTY und Mitarbeiter[28–30] beschäftigten sich mit der chemischen Konstitution besonders im Hinblick auf eine Beobachtung von K. H. SLOTTA und K. NEISSER[31], daß Cafestol östrogene Wirkungen zeigt. Sie

16 DGF-Einheitsmethoden
17 K. H. SLOTTA u. K. NEISSER, Ber. dtsch. chem. Ges. *71*, 1911 (1938)
18 K. H. BAUER u. R. NEU, Fette u. Seifen *49*, 419 (1942)
19 Ber. dtsch. chem. Ges. *71*, 2342 (1938)
20 HOPPE-SEYLER's Z. Physiol. Chem. *259*, 245 (1939)
21 J. Amer. chem. Soc. *65*, 81 (1943)
22 A. WETTSTEIN, H. FRITZSCHE, F. HUNZIKER u. K. MIESCHER, Helv. chim. Acta *24*, 332 (1941)
23 A. WETTSTEIN u. K. MIESCHER, Helv. chim. Acta *25*, 718 (1942)
24 A. WETTSTEIN u. K. MIESCHER, Helv. chim. Acta *26*, 631 (1943)
25 A. WETTSTEIN u. K. MIESCHER, Helv. chim. Acta *26*, 788 (1943)
26 A. WETTSTEIN, F. HUNZIKER u. K. MIESCHER, Helv. chim. Acta *26*, 1197 (1943)
27 A. WETTSTEIN, M. SPILLMANN u. K. MIESCHER, Helv. chim. Acta *28*, 1004 (1945)
28 P. N. CHAKRAVORTY u. M. M. WESNER, J. Amer. chem. Soc. *64*, 2235 (1942)
29 P. N. CHAKRAVORTY, M. M. WESNER u. R. H. LEVIN, J. Amer. chem. Soc. *65*, 929 (1943)
30 P. N. CHAKRAVORTY, R. H. LEVIN, M. M. WESNER u. G. REED, J. Amer. chem. Soc. *65*, 1325 (1943)
31 K. H. SLOTTA u. K. NEISSER, Ber. dtsch. chem. Ges. *71*, 1991 (1938)

konnte später nicht bestätigt werden. A. WETTSTEIN und Mitarbeiter erkannten, daß Cafestol ein Diterpenoid ist, begleitet von einem zweiten ähnlicher Eigenschaften, das man als Kahweol bezeichnete. Die schon früher angenommene Glykol-Gruppierung $(>\underset{\displaystyle OH}{\underset{|}{C}}—CH_2OH)$ wurde bestätigt und gefunden, daß das dritte Sauerstoff-Atom in einem Furanring vorliegt. Die endgültige Konstitutionsaufklärung erbrachten C. DJERASSI und Mitarbeiter[32–37], gleichzeitig auch R. D. HAWORTH und seine Schüler[38–41]. Mit der Erkennung der Lage der angulären Methylgruppe, die besondere Schwierigkeiten bereitete, beschäftigten sich C. DJERASSI und Mitarbeiter.

Die letztgenannten Autoren gaben dem Cafestol die in Abb. 2 dargestellte Strukturformel.

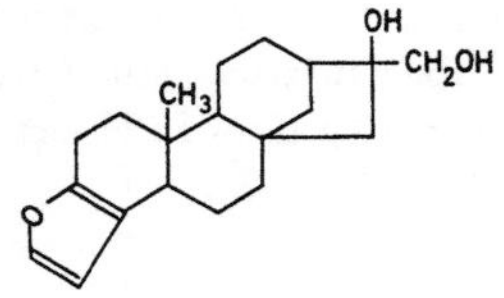

Abb. 2 Cafestol

Zur Konstitutionsermittlung kamen die aus dem folgenden Überblick ersichtlichen Abbau-Reaktionen zur Anwendung.

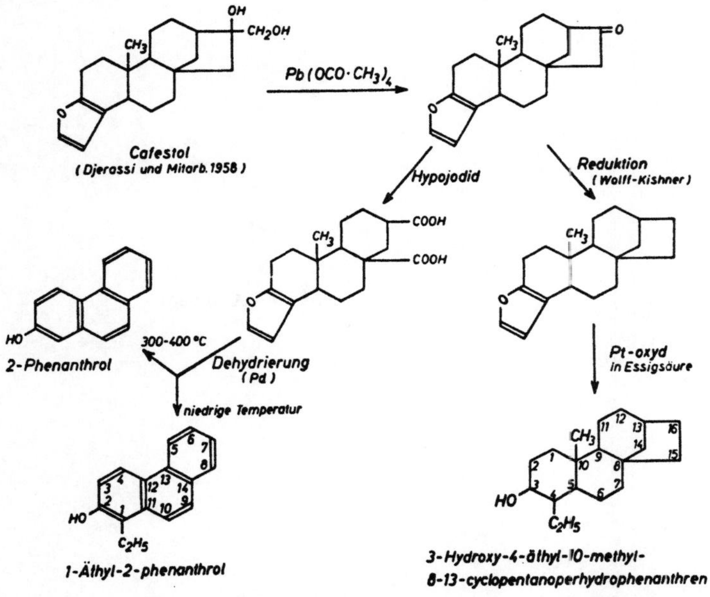

Abb. 3 Die Numerierung der Kohlenstoff-Atome schließt sich bei den links unten stehenden Verbindungen derjenigen der Phenanthren-Chemie an, bei der Formel rechts unten entspricht sie der in der Terpen- bzw. Stereoid-Chemie üblichen.

[32] C. DJERASSI, E. WILFRED, L. VISCO u. A. J. LEMIN, J. Org. Chem. *18*, 1449 (1953)
[33] C. DJERASSI, H. BENDAS u. P. SEN GUPTA, J. Org. Chem. *20*, 1046 (1955)
[34] C. DJERASSI u. H. BENDAS, Chem. u. Ind. *1955* (1481)
[35] C. DJERASSI, M. CAIS u. L. A. MITSCHER, J. Amer. chem. Soc. *80*, 247 (1958)
[36] C. DJERASSI, M. CAIS u. L. A. MITSCHER, J. Amer. chem. Soc. *81*, 2386 (1959)
[37] R. A. FINNEGAN u. C. DJERASSI, J. Amer. chem. Soc. *82*, 4342 (1960)
[38] R. D. HAWORTH, A. H. JUBB u. T. MCKENNA, Chem. u. Ind. *1954*, 104
[39] R. D. HAWORTH. A. H. JUBB u. T. MCKENNA, J. chem. Soc. (London) *1955*, 1983
[40] R. D. HAWORTH u. R. JOHNSTON, Chem. u. Ind. *1956*, 168
[41] R. D. HAWORTH u. R. JOHNSTON, J. chem. Soc. (London) *1957*, 1492

Zur Isolierung des Cafestols benützten K. H. SLOTTA sowie C. DJERASSI die schlechte Löslichkeit des stark polaren Cafestols und die gute Löslichkeit der anderen Lipoid-Bestandteile des Unverseifbaren in Petroläther. Diese Methode wurde wie folgt modifiziert:

200 g brasilianisches Roh-Kaffeeöl wurden auf dem Wasserbad am Rückflußkühler mit 1 l 10%iger äthanolischer Kalilauge 1 Std. unter Stickstoff verseift. Nach Entfernung des Äthanols im Vakuum gab man 1,75 l Wasser und 1,5 l peroxydfreien Äther zu dem Rückstand, extrahierte die so erhaltene, mit Äther gesättigte Seifen-Lösung 12 Stunden unter Verwendung eines Perkolators (Abb. 4), wusch die ätherische Lösung mit dest. Wasser neutral und trocknete sie mit Natriumsulfat. Bei dem Abdampfen des Äthers bis auf etwa 500 ml beginnt sich das Cafestol auszuscheiden. Dann fügt man 1 l Petroläther (35—45° C) hinzu und läßt im Kühlschrank abkühlen. Das in Form hellgelber Kristalle ausfallende Cafestol wird abgesaugt und mit Petroläther gewaschen. Durch zweimaliges Umkristallisieren aus Äther erhält man 10 g eines farblosen Cafestols. Schmp. 156—158° C.
α_D^{20}: — 140, in $CHCl_3$ (Lit. Schmp. 152—155° C).
α_D^{24}: — 148[42].

Das so erhaltene Produkt ist noch nicht völlig rein. Es enthält das bereits erwähnte Kahweol. Eine Beimischung desselben bis etwa 15 % erniedrigt den Schmelzpunkt nicht. Die Gegenwart von Kahweol erkennt man an der starken UV-Absorption bei 290 μ und einer beträchtlichen optischen Linksdrehung. C. DJERASSI und Mitarbeiter[43] gaben dem Kahweol folgende Strukturformel:

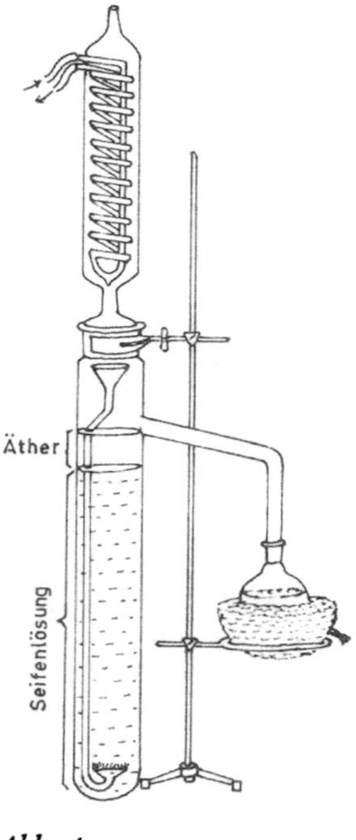

Abb. 4

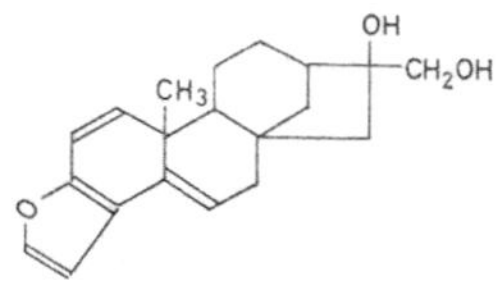

Abb. 5 Kahweol

Somit unterscheidet es sich von dem Cafestol nur durch zwei zusätzliche Doppelbindungen. Die vollständige Reinigung des Cafestols gelingt durch Behandlung mit nascieren-

[42] C. Djerassi, E. Wilfred, L. Visco u. A. J. Lemin, J. org. Chem. *18*, 1449 (1953)
[43] C. Djerassi, M. Cais u. L. A. Mitscher, J. Amer. chem. Soc. *81*, 2386 (1959)

dem Wasserstoff[44, 45] oder durch katalytische Hydrierung mit Ni[44] bzw. Pd[46], wobei Kahweol zu Cafestol reduziert wird.

10 g rohes Cafestol wurden in 1 l absol. Äthanol gelöst und vorsichtig mit 80 g Natrium in kleinen Stücken versetzt. Anschließend verdünnte man mit Wasser, extrahierte mit Äther, wusch die ätherische Lösung mit Wasser neutral, trocknete sie über Na_2SO_4 und dampfte den Äther ab. Der Rückstand stellte nach einmaligem Umkristallisieren aus Äther farblose Nadeln vom Schmp. 156 bis 158° C dar.

α_D^{20}: — 100 in $CHCl_3$. Ausbeute 6 g. Es empfiehlt sich, die Reduktion nochmals in der beschriebenen Weise zu wiederholen. Nach Aufarbeitung und Umkristallisieren aus Äther erhält man dann 4,5 g reinstes Cafestol. Schmp. 158—160° C.

α_D^{20}: — 95, in $CHCl_3$ (Lit. Schmp. 156 bis 158° C)

α_D^{24}: — 97[45].

Abb. 6 zeigt die UV-Spektren des rohen (B) und des reinen (A) Cafestols. Die starke UV-Bande bei 290 μ, verursacht durch Kahweol, ist nach der Reduktion nicht mehr vorhanden.

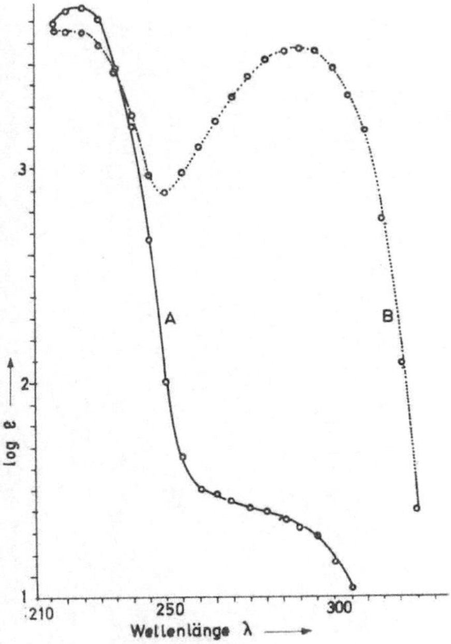

Abb. 6 UV-Spektren von Cafestol
A — Reines Cafestol, B — Rohes Cafestol

Abb. 7 gibt die IR-Spektren des rohen (A) bzw. des reinen (B) Cafestols wieder, die fast identisch sind.

Die IR-Absorptionsbanden der OH-Valenzschwingung sind ausführlich untersucht worden, die der freien OH-Gruppe liegen nach neueren Untersuchungen[47] zwischen 2,75 und 2,8 μ. Die OH-Gruppe ist stark polar und liegt daher oft assoziiert vor. FREYMANN und HELLMANN[48] konnten 3 Typen von assoziierten OH-Gruppen nachweisen: Intermoleku-

[44] A. WETTSTEIN, M. SPILLMANN u. K. MIESCHER, Helv. chim. Acta *28*, 1004 (1945)
[45] C. DJERASSI, E. WILFRED, L. VISCO u. A. J. LEMIN, J. org. Chem. *18*, 1449 (1953)
[46] R. D. HAWORTH, A. H. JUBB u. T. MCKENNA, Chem. u. Ind. *1954*, 104
[47] L. KUHN, J. Amer. chem. Soc. *74*, 2492 (1952)
[48] Compt. Rend. *219*, 415 (1944)

lare Bindung zwischen 2 oder mehreren Molekülen; intramolekulare Bindung und Chelatbildung, bei welcher Resonanz-Strukturen beteiligt sind. Die IR-spektroskopischen Studien stellen ein einfaches Mittel zur Verfolgung der Erscheinung der OH-Assoziierung durch Wasserstoffbrücken-Bindung dar[49–51]. Die Valenzschwingung der freien OH-Gruppe ist scharf und liegt im höheren Frequenzbereich (2,75 bis 2,8 μ) als die breite Valeizschwingung der assoziierten OH-Gruppe (2,82 bis 3,25 μ[52]. Die intermolekularen Assoziierungen brechen bei Verdünnung auf und unterscheiden sich dadurch von den intramolekularen sowie den Bindungen innerhalb der Wasserstoff-Brücken der Chelatbildung, auf die die Verdünnung keinen Einfluß hat.
Das IR-Spektrum des Cafestols (Abb. 7) zeigt eine scharfe Bande bei 2,8 μ, charakteristisch für die freie OH-Gruppe, und eine breite Bande bei 2,93 μ, die für die assoziierte OH-Gruppe typisch ist. Daß die Assoziierung in Cafestol intermolekular ist, läßt sich bei Verdünnung seiner Lösung in Tetrachlorkohlenstoff erkennen, wobei die breite und starke Bande bei 2,93 μ verschwindet, während die Bande bei 2,8 μ, charakteristisch für die freie OH-Gruppe, bestehen bleibt (Abb. 8).

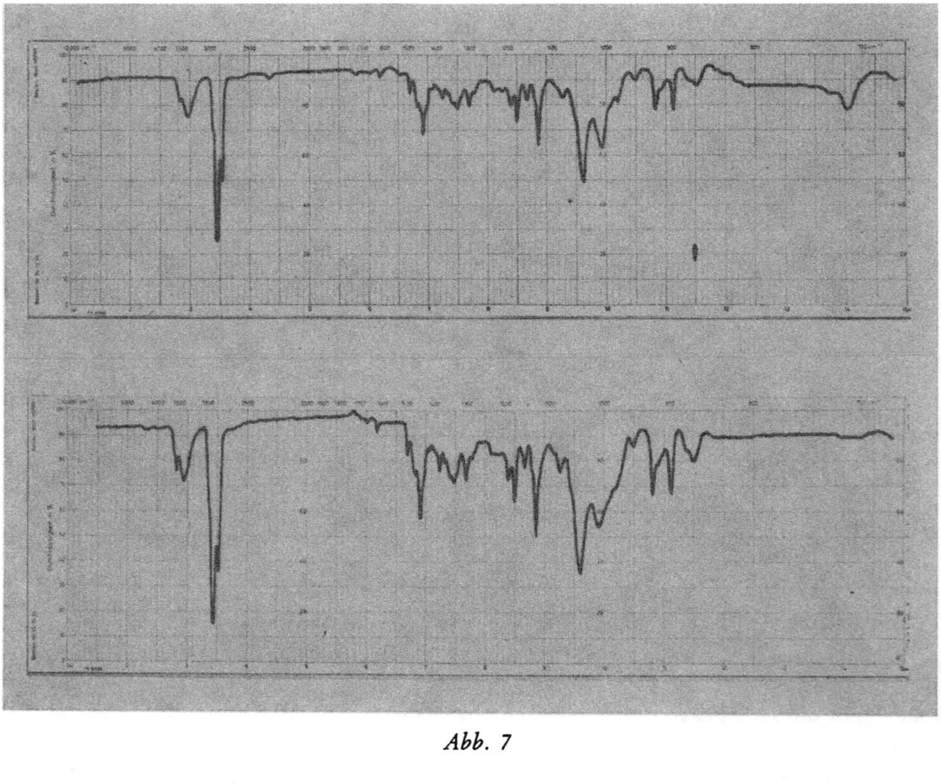

Abb. 7

Da im Cafestol außer zwei OH-Gruppen ein Furan-Sauerstoff vorliegt, sind zwei Typen von Assoziierungen durch Wasserstoff-Brückenbindungen möglich, nämlich die normale Assoziierung zwischen OH-Gruppen und die Assoziierung durch Wasserstoff-Brückenbindung zwischen dem OH- und dem Furan-Sauerstoff.

[49] O. Wulf u. U. Liddel, J. Amer. chem. Soc. *57*, 1464 (1935)
[50] E. Hilbert, O. Wulf, B. Heinrichs u. U. Liddel, Nature *135*, 147 (1935)
[51] E. Hilbert, O. Wulf, B. Heinrichs u. U. Liddel, J. Amer. chem. Soc. *58*, 548, 1991 (1936)
[52] Robert T. O'Connor, J. Amer. Oil Chemist's Soc. *33*, 1 (1956)

Bei Versuchen zur Trennung von Cafestol und Kahweol wurde das *papierchromatographische Verhalten* untersucht. Es zeigte sich, daß auch als rein betrachtetes Cafestol im System Octanol-Pentanol (6 : 2)/Formamid-Wasser (1 : 4) zwei Flecke gibt. Vergleichsweise wurden Proben von Cafestol untersucht, die mit Essigsäureanhydrid und alkoholischer Kalilauge behandelt bzw. über Aluminiumoxyd chromatographiert worden waren.

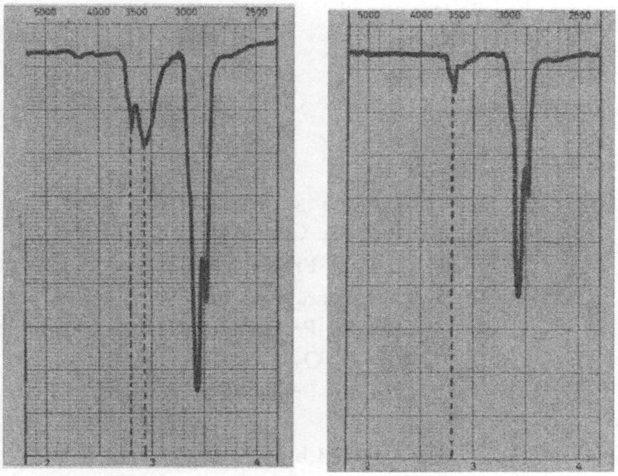

Abb. 8
a = Cafestol 1%ige Lösung in CCl_4, Schichtdicke = 1 mm
b = Cafestol 0,5%ige Lösung in CCl_4, Schichtdicke = 1 mm

Octanol, Pentanol, Formamid und Wasser im Verhältnis (6 : 2 : 1 : 4) wurden im Scheidetrichter zusammen geschüttelt. Nach kurzem Stehen wurden die Phasen getrennt. Die untere Alkoholphase wurde als Imprägnierungsmittel und die obere wäßrige Phase als Fließmittel verwandt. Auf Schl.-&-Sch-Papier 2043 b Mgl. wurden etwa 50 γ Cafestol in 1%iger methanolischer Lösung aufgetragen. Dann besprühte man das Papier mit dem Imprägnierungsmittel und preßte zwischen Filterpapier ab und entwickelte in absteigender Weise. Nach ~ 20 Std. wurde das Papier im Trockenschrank etwa 1/2 Std. bei ~ 110° C getrocknet und anschließend mit einer ~ 10%igen äthanolischen Lösung von Phosphormolybdänsäure angefärbt. Das Chromatogramm (Abb. 9 A) zeigte zwei Flecke. Neben dem Hauptfleck sieht man einen kleineren Fleck auf dem Startpunkt.

Bei dem zweiten Fleck könnte es sich um Kahweol, Anhydrocafestol, eine Modifikation des Cafestols, oder um eine noch unbekannte Substanz handeln. Die erstgenannte Möglichkeit kann man ausschließen, da die Anwesenheit von Kahweol in Cafestol durch die starke charakteristische UV-Bande bei 290 μ erkennbar ist. Da in den hier benutzten Cafestol-Proben das Kahweol in bekannter Weise durch Natrium in Äthanol zu Cafestol reduziert wurde, wird auch aus diesem Grund die Möglichkeit, daß der zweite Fleck von Kahweol stammen könnte, ausgeschlossen.

Um zu prüfen, ob gegebenenfalls eine teilweise Dehydratisierung eingetreten ist, wurde Cafestol in Eisessig gelöst, mit einem Überschuß von Essigsäureanhydrid behandelt, nach 4tägigem Stehen bei Zimmertemperatur die Lösung über Eis gegossen und die ausgeschiedene Substanz in Äther aufgenommen. Die ätherische Lösung wusch man mit Wasser, trocknete über Na_2SO_4 und dampfte den Äther ab. Der Rückstand, hauptsächlich Cafestolmonoacetat, wurde mit 1 n alk. KOH unter gelindem Erwärmen verseift, mit Wasser verdünnt und in Äther aufgenommen.

Das nach Waschen mit Wasser, Trocknen über Na_2SO_4 und Abdampfen des Äthers erhaltene Produkt wurde papierchromatographisch wie oben beschrieben untersucht. Falls sich nach der Behandlung mit Essigsäureanhydrid ein Anhydrocafestol gebildet hätte, sollte man mit einer Vergrößerung des zweiten Fleckes rechnen. Wie Abb. 9 B zeigt, ist aber nach der Behandlung von Cafestol mit Essigsäureanhydrid der zweite Fleck völlig verschwunden. Eine ähnliche Erscheinung tritt nach der Chromatographie von Cafestol mit Al_2O_3 ein.

0,1 g Cafestol wurde mit Äther-Methanol (95 : 5) über eine Säule von 50 g Al_2O_3 (Fa. Merck, stand. nach BROCKMANN) chromatographiert und quantitativ (bis 98%) zurückgewonnen. Das erhaltene Cafestol zeigte im System Octanol-Pentanol/Formamid-Wasser wieder nur einen Fleck (Abb. 9 C).

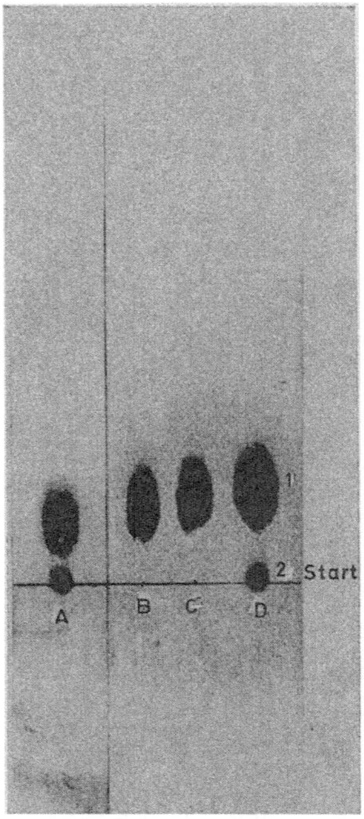

Abb. 9
Aufgetragen je ~ 50 γ
A Normale Cafestol-Probe
B Cafestol-Probe nach Behandlung mit Essigsäureanhydrid
C Cafestol-Probe nach Chromatographie über Al_2O_3
D Cafestol-Probe nach Kochen mit alk. KOH
Papier: 2043 b Mgl.
System: Octanol-Pentanol-Formamid-Wasser (6 : 2 : 1 : 4)
Arbeitsweise: absteigend
Laufzeit: ~ 20 Std.
Anfärbung: ~ 10%ige äthanolische Phosphormolybdänsäure

Diese Versuche schließen die Möglichkeit aus, daß der zweite Fleck aus Anhydrocafestol oder einer unbekannten Substanz besteht. Um der Vermutung nachzugehen, daß der zweite Fleck vielleicht von einer Modifikation von Cafestol handelt, wurde nachstehender Versuch durchgeführt.

Die nach Behandlung mit Essigsäureanhydrid oder nach der Chromatographie über Al_2O_3 erhaltene Cafestol-Probe, die nur einen Fleck bildete, wurde 16 Std. unter Rückfluß mit 20%iger alk. KOH erhitzt, anschließend mit Wasser verdünnt, in Äther aufgenommen, mit Wasser gewaschen, über Na_2SO_4 getrocknet und der Äther abgedampft. Das so erhaltene Cafestol bildet nun (Abb. 9 D) zwei Flecke wie das ursprüngliche Cafestol.

Somit kann es sich um eine Cafestol-Modifikation handeln, die während der Behandlung mit Essigsäureanhydrid oder der Chromatographie über Al_2O_3 wieder in Cafestol verwandelt wird, nach Kochen mit starker alkoholischer KOH-Lösung aber wieder auftritt. Auch eine Cafestol-Probe, gewonnen aus Kaffeeöl nach schonender Verseifung bei Zimmertemperatur, erwies sich auch als auftrennbar, woraus zu schließen wäre, daß die angenommene Modifikation auch im Kaffeeöl vorhanden wäre. Solange sie aber nicht näher charakterisiert worden ist, erscheint eine endgültige Aussage über die Natur des zweiten Fleckes nicht möglich.

Zum Nachweis von Kahweol in rohem Cafestol

Cafestol und Kahweol haben sehr ähnliche physikalische und chemische Eigenschaften. Kahweol wurde bisher nur durch die UV-Bande bei 290 μ und die starke Linksdrehung erkannt. Das Schrifttum[53] und eigene Erfahrung zeigen, daß sich durch Adsorptions-

[53] C. DJERASSI, E. WILFRED, L. VISCO u. A. J. LEMIN, J. org. Chem. *18*, 1449 (1953)

sowie Verteilungs-Chromatographie Cafestol und Kahweol und ihre Derivate nicht befriedigend trennen lassen. Nun haben CHAKRAVORTY und Mitarbeiter[54] beobachtet, daß bei rohem Cafestol die UV-Absorption bei 290 μ bei *Bestrahlung* abnimmt. Diese Beobachtung konnte bestätigt werden. Das gleiche Ergebnis wurde unter Anwendung der *Dünnschicht-Chromatographie* erzielt. Hier lieferte das rohe Cafestol nach Bestrahlung zwei Flecke, reines Cafestol dagegen nur einen Fleck. Somit dürfte der zweite Fleck durch Bestrahlung des im rohen Cafestol vorhandenen Kahweol entstanden sein.

Für die Dünnschicht-Chromatographie wurde eine Kieselgel G-Platte benutzt und absol. Äther als Fließmittel angewandt. Nach ~ 45 Min. Entwicklung folgte die Anfärbung mit ~ 10%iger äthanolischer Lösung von Phosphormolybdänsäure. Abb. 10 zeigt den dünnschichtchromatographischen Nachweis von Kahweol in rohem Cafestol.

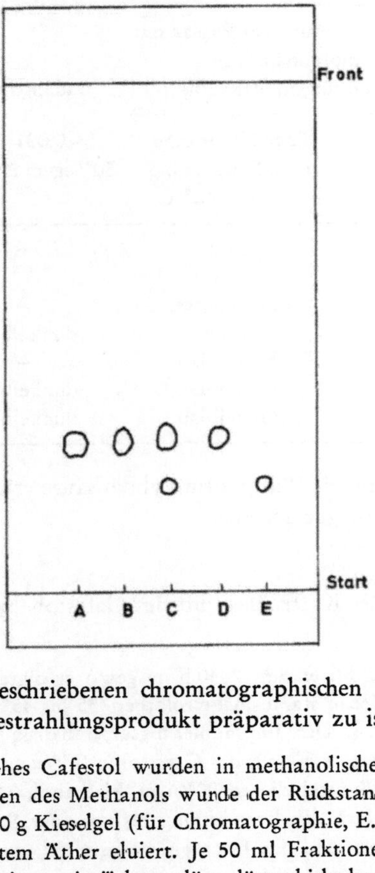

Abb. 10
Dünnschichtchromatographischer Nachweis von Kahweol in rohem Cafestol
Aufgetragen je ~10 γ (Kieselgel G-Platte)
A Rohes Cafestol
B Reines Cafestol
C Bestrahltes rohes Cafestol
D Bestrahltes reines Cafestol
E Das isolierte Bestrahlungsprodukt
Fließmittel: abs. Äther
Laufzeit: ~ 45 Min.
Anfärbung: ~ 10%ige äthanolische Phosphormolybdänsäure

Die beschriebenen chromatographischen Versuche gaben Veranlassung zu dem Versuch, das Bestrahlungsprodukt präparativ zu isolieren.

2 g rohes Cafestol wurden in methanolischer Lösung 6 Std. mit UV-Licht bestrahlt. Nach Abdampfen des Methanols wurde der Rückstand in Äther aufgenommen, die Lösung auf eine Säule mit 100 g Kieselgel (für Chromatographie, E. Merck, Korngröße 0,05 bis 0,2 mm) gegeben und mit absolutem Äther eluiert. Je 50 ml Fraktionen dampfte man ab und untersuchte den Rückstand, jeweils in wenig Äther gelöst, dünnschichtchromatographisch nach der oben beschriebenen Methode. Nach 10 leeren Fraktionen lieferten die nächsten 3 Fraktionen kristalline Rückstände von reinem Cafestol. Die darauffolgenden Fraktionen hinterließen nach Entfernung des Äthers nichtkristalline Rückstände, bestehend aus Gemischen von Cafestol und dem Bestrahlungsprodukt. Das letztere war jedoch angereichert. In den letzten 3 Fraktionen war eine Anreicherung des Bestrahlungsproduktes auf 60 bis 70% festzustellen. Diese 3 Fraktionen wurden zusammen nochmals über eine neue Säule von 50 g Kieselgel chromatographiert. Das letzte Eluat der Säule, das eine Anreicherung bis zu ~ 95% des Bestrahlungsproduktes aufwies, wurde in ätherischer Lösung bei —40° C abgekühlt, wobei sich kleine farblose Kristalle abschieden.

[54] P. N. CHAKRAVORTY, M. M. WESNER u. R. H. LEVIN, J. Amer. chem. Soc. 65, 929 (1943)

Ausbeute 200 mg. Schmp. 198—201° C. Der so gewonnene Stoff erwies sich bei Untersuchung auf der Dünnschicht-Platte immer noch als mit geringen Mengen an Cafestol verunreinigt. Erst nach der 3. Chromatographie über eine Kieselgel-Säule wurde das Bestrahlungsprodukt in reinster Form erhalten. (Schmp. 200 bis 203° C, Ausbeute 15 mg). Die geringe Menge reichte zu weiterer Untersuchung und zur Konstitutionsermittlung nicht aus.

b) Die Fettsäure-Ester des Cafestols

Zur orientierenden Unterscheidung von Cafestol und seinen Derivaten von anderen Lipoid-Komponenten des Kaffeeöls wurden mit Phosphormolybdänsäure und Sudanschwarz nachstehende Farbreaktionen durchgeführt (Tabelle 6).

Tabelle 6 Farbreaktionen der Lipoide des Kaffeeöles

Substanz	Auf dem Papier mit Phosphormolybdänsäure (~10%ige Lösung in Äthanol): bei Zimmertemperatur	Auf dem Papier mit Phosphormolybdänsäure (~10%ige Lösung in Äthanol): über Nacht oder nach Erwärmung auf 35—40° C	Sudanschwarz (~0,001%ig in 50%igem Äthanol)
freies Cafestol (rein)	hellrot	braun	—
freies Cafestol (roh, Kahweol enthaltend)	braun (sofort)	dunkelbraun	—
Cafestol-Fettsäure-Ester	hellrot	braun	dunkelblau
Phytosterin	—	dunkelblau	—
Phytosterin-Fettsäureester	—	dunkelblau	dunkelblau
Glyceride	—	dunkelblau	dunkelblau

Die Anfärbung des Cafestols und seiner Derivate mit Phosphormolybdänsäure erwies sich bei den papierchromatographischen Versuchen als gut geeignet.

Papierchromatographische Versuche

Die pc-Analyse leistete bei der Untersuchung des Kaffeeöles und des Cafestols bzw. seiner Ester gute Dienste.

Die Imprägnierung[55] des vorgetrockneten Papiers (Schl. & Sch. 2040 b ausgew.) erfolgte, indem man das Papier durch eine 10%ige Lösung von Undecan stand. in Petroläther (35 bis 45° C) zog und das Lösungsmittel an der Luft verdunsten ließ. Der Imprägnierungsgrad betrug ~ 0,15. Das Kaffeeöl wurde in 5%iger benzolischer Lösung (etwa 500 γ), das Cafestol in 0,1%iger methanolischer Lösung (etwa 10 γ) aufgetropft. Als Fließmittel diente 90%iges Methanol, von dem 80 Teile mit Undecan gesättigt worden waren[56]. Nach der Entwicklung bis zu einer Steighöhe von etwa 25 cm (ca. 4 Std.) entfernte man das Fließ- und das Imprägnierungsmittel und färbte mit Phosphormolybdänsäure an.

Abb. 11 zeigt den papierchromatographischen Vergleich von Kaffeeöl (A) und reinem Cafestol (B). Das Cafestol wandert infolge seines starken hydrophilen Charakters bis zu Punkt 1, während aus dem Öl nur eine geringe Menge — gestrichelt gezeichnet — die gleiche Höhe erreicht. Der größte Teil der mit Phosphormolybdänsäure erhaltenen Braunfärbung, auf das Cafestol bzw. seine Derivate hinweisend, befindet sich in dem bei 2 erkennbaren, kräftigen Schweif. Da auf Grund der gefundenen, zahlreichen Fettsäuren zu vermuten war, daß dieser aus mehreren Esters des Cafestols besteht, wurde zur Fraktio-

[55] H. P. Kaufmann u. Z. Makus, Fette-Seifen-Anstrichmittel *61*, 631 (1959)
[56] H. P. Kaufmann u. Z. Makus, Fette-Seifen-Anstrichmittel *63*, 125 (1961)

nierung derselben ein anderes pc-System herangezogen. Nach zahlreichen Versuchen wurde gefunden, daß bei Verwendung von Undecan als stationäre Phase ein Gemisch von Aceton-Acetonitril-Äthanol und Wasser (16 : 4 : 2 : 1) als Fließmittel die in Abb. 12 erkennbare Auftrennung ermöglicht.

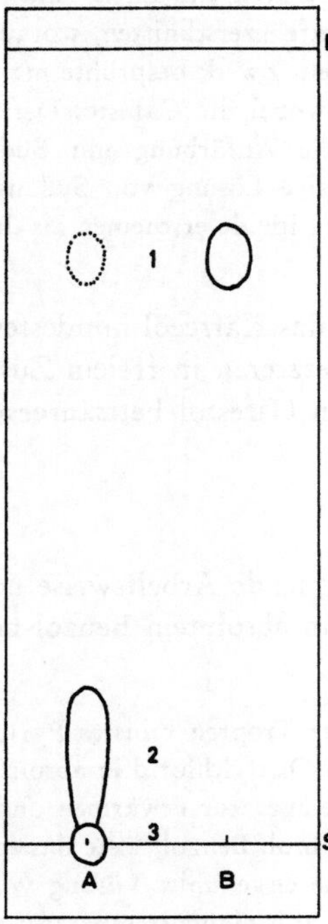

Abb. 11
pc-Analyse des Kaffeeöles (System 1)
Aufgetragen: A Kaffeeöl ~ 500 γ
B Cafestol ~ 10 γ
Papier: Schl. & Sch. 2040 b ausgew.
Imprägnierungsmittel: Undecan stand.
Imprägnierungsgrad: ~ 0,15
Fließmittel: 90% Methanol in Wasser
Arbeitsweise: Aufsteigend
Laufzeit: ~ 4 Std.
Anfärbung: Phosphormolybdänsäure (~ 10% in Äthanol) bei Zimmertemperatur

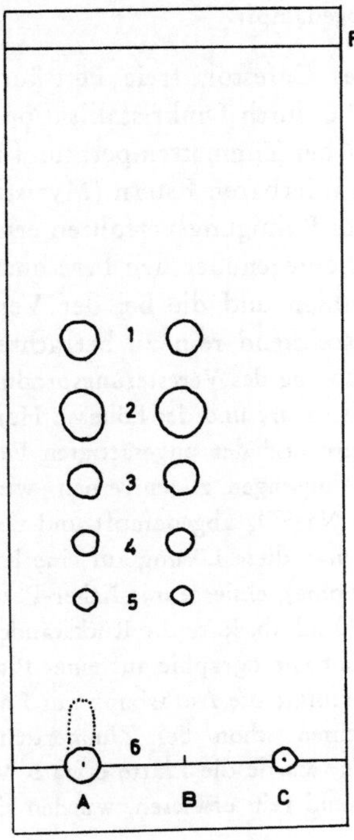

Abb. 12
pc-Analyse des Kaffeeöles (System 2)
Aufgetragen: A, B Kaffeeöl ~ 500 γ
C Tripalmitin ~ 10 γ
Papier: Schl. & Sch. 2040 b ausgew.
Imprägnierungsmittel: Undecan stand.
Imprägnierungsgrad: ~ 0,15
Fließmittel: Aceton-Acetonitril-Äthanol-Wasser (16 : 4 : 2 : 1)
Arbeitsweise: Aufsteigend
Laufzeit: ~ 4 Std.
Anfärbung: A, C Streifen mit Sudanschwarz, B mit Phosphormolybdänsäure (~ 10% in Äthanol) bei Zimmertemperatur

Das vorgetrocknete Papier (Schl. & Sch. 2040 b ausgew.) wurde wieder in bekannter Weise mit Undecan stand. imprägniert, das Kaffeeöl in 5%iger benzolischer Lösung (etwa 500 γ) und zum Vergleich synthetisches Tripalmitin in 0,1%iger benzolischer Lösung (etwa 10 γ) aufgetropft. Fließmittel: Aceton—Acetonitril—Äthanol—Wasser (16 : 4 : 2 : 1). 80 Teile dieses Gemisches wurden mit Undecan gesättigt und anschließend mit den restlichen 20 Teilen versetzt. Eine Steighöhe von etwa 25 cm erreichte man bei 20° C in etwa 4 Std. Nach Entfernung des Fließ- und Imprägnierungsmittels (45 Min. bei ca. 80° C) wurde das Papier in Streifen zerschnitten, worauf man mit Phosphormolybdänsäure bzw. Sudanschwarz anfärbte. Zu diesem Zweck besprühte man mit einer 10%igen äthanolischen Lösung von Phosphormolybdänsäure, wobei die Cafestol-Derivate schon bei Zimmertemperatur als braune Flecke erschienen. Für die Anfärbung mit Sudanschwarz legte man das Papier zuerst etwa 8 Std. in eine ca. 0,001%ige Lösung von Sudanschwarz in 50%igem Äthanol, dann etwa 8 Std. in dest. Wasser. Sämtliche Lipoide erscheinen als dunkelblaue Flecke auf hellem Untergrund.

Aus dem Chromatogramm (Abb. 12) ist zu ersehen, daß das Kaffeeöl mindestens 5 Fettsäure-Ester des Cafestols und nur geringe Mengen des letzteren in freiem Zustand enthält. Zur Identifizierung der durch pc-Analyse erkannten Cafestol-Fettsäureester wurde eine Reihe derselben synthetisch hergestellt.

c. Synthese von Fettsäure-Estern des Cafestols

Die Säure-Empfindlichkeit des Cafestols machte eine schonende Arbeitsweise notwendig. Zur Anwendung kam die Umsetzung der Säurechloride in absolutem Benzol bei Gegenwart von Pyridin (Einhorn).

Zu der Lösung der Fettsäuren in absol. Benzol gab man einige Tropfen reinstes Pyridin, kühlte im Eisbad ab und tropfte unter gutem Rühren eine Lösung von Oxalylchlorid in absol. Benzol zu. Dann ließ man unter weiterem Rühren langsam auf Zimmertemperatur erwärmen und entfernte das überschüssige Oxalylchlorid im Vakuum unter Zusatz von absol. Benzol, löste das so erhaltene Fettsäurechlorid in Benzol und tropfte es unter Rühren in eine eisgekühlte Lösung von Cafestol in Benzol und Pyridin (3 : 1). Anschließend ließ man langsam auf Zimmertemperatur erwärmen, zersetzte mit Wasser und extrahierte mit Benzol. Die erhaltene Lösung wurde mit Wasser gewaschen, über Na_2SO_4 getrocknet und das Lösungsmittel abgedampft.

Die so gewonnenen rohen Ester enthalten noch freies Cafestol, freie Fettsäuren und geringe Mengen nicht identifizierter Nebenprodukte, die durch Umkristallisation schwer zu entfernen sind, und zwar besonders schwer bei den bei Zimmertemperatur flüssigen, auch in der Kälte nicht kristallisierenden und nicht destillierbaren Estern (Myristin-, Öl- und Linolsäure-Ester). Die bei nachstehend geschildertem Reinigungsverfahren erhaltenen Ester lieferten aber bei der Elementaranalyse Werte, die gegenüber den berechneten nur geringfügige Abweichungen zeigten. Die Verseifungszahlen und die bei der Verseifung erhaltenen Produkte bestätigten, daß die Ester als ausreichend rein zu betrachten sind.

Zur Abtrennung der freien Fettsäuren wurde die ätherische Lösung des Veresterungsproduktes mit Kupferacetat-Lösung geschüttelt. Die Kupferseifen der Palmitinsäure und der höheren Homologen fallen dabei aus, während die Kupferseifen der Myristinsäure und der ungesättigten Fettsäuren z. T. in Lösung bleiben. Um sie mitsamt anderen Verunreinigungen zu entfernen, wurde das Lösungsmittel nach Waschen mit Wasser und Trocknen über Na_2SO_4 abgedampft und der Rückstand in wenig Äther-Petroläther (40 : 60) gelöst. Dann gab man diese Lösung auf eine Kieselgel-Säule (40 g Kieselgel, Merck 0,2 bis 0,5 mm für Chromatographie), eluierte mit Äther-Petroläther (40 : 60), dampfte das Lösungsmittel aus Fraktionen von je 50 ml ab, löste die Rückstände jeweils in wenig Petroläther und prüfte mit Hilfe der Dünnschicht-Chromatographie auf einer Platte von Kieselgel G. Nach Entwicklung mit Äther-Petroläther (1:1) erfolgte die Anfärbung mit Phosphormolybdänsäure. Das Cafestol und seine Derivate erscheinen schon bei Zimmertemperatur als hellrote Flecke. Um die übrigen Flecke sichtbar zu machen, wurde die Platte etwa 5 Min. auf 100° C erhitzt. Da sich die mittleren Fraktionen als weitgehend rein erwiesen, wurden sie unter

Stickstoff gesammelt und in absol. Aceton auf — 40° C abgekühlt. Dabei erhielt man wachsartige Mikrokristalle, die ein Mol Aceton enthalten. Bei dem Versuch, das Aceton durch gelindes Erhitzen zu entfernen, zersetzte sich der Ester zu einem harzartigen Produkt. Sämtliche Ester wurden zur Analyse über P_2O_5 im Vakuum getrocknet.

Die Cafestol-Ester der Myristin-, Öl- und Linolsäure sind ölige Flüssigkeiten, die höherer gesättigter Fettsäuren wachsartige Verbindungen. Die Ester lösen sich in fast allen organischen Lösungsmitteln und sind unlöslich in Wasser, sehr säureempfindlich und polymerisieren leicht.

Da sich die primäre OH-Gruppe des Cafestols leicht, die tertiäre schwer verestern läßt, war zu erwarten, daß es sich durchweg um Monoester der Fettsäuren handelt. Die Elementar-Analyse, die Verseifungszahlen und die IR-Spektren bestätigten diese Tatsache. Daß die tertiäre OH-Gruppe frei geblieben ist, bewiesen die Ergebnisse einer Oppenauer-Oxydation. Im Fall einer freien primären Hydroxyl-Gruppe hätte ein Aldehyd entstehen müssen, jedoch wurde das als Beispiel untersuchte Cafestol-monostearat durch Al-tert. butylat nicht oxydiert.

Nachstehend wird kurz über die einzelnen Ester berichtet.

Cafestol-monomyristat: Aus 0,76 g Myristinsäure und 0,5 ml Oxalylchlorid gewonnenes Myristinsäurechlorid wurde mit 1 g Cafestol in einem Gemische von absol. Benzol und absol. Pyridin umgesetzt und in der beschriebenen Weise gereinigt. Ausbeute: 0,9 g (50%). Farblose Flüssigkeit, in fast allen organischen Lösungsmitteln löslich, in Wasser unlöslich

α_{20}^{D}: — 62,2 (in $CHCl_3$)

$C_{34}H_{54}O_4$ (526,8): ber. C 77,5 H 10,33
gef. C 76,94 H 10,05

Cafestol-monopalmitat: Säurechlorid aus 0,85 g Palmitinsäure und 0,5 ml Oxalchlorid, umgesetzt mit 1 g Cafestol in Benzol/Pyridin. Wachsartige, mikrokristalline Masse aus Aceton bei — 40° C. Ausbeute 1 g (55%). Schmp. 19 — 21° C.

α_{20}^{D}: — 59,6 (in $CHCl_3$); Löslichkeitsverhältnisse wie Myristat.

Vor dem Umkristallisieren

$C_{36}H_{58}O_4$ (554,76): ber. C 77,95 H 10,54
gef. C 77,36 H 10,68

Nach der Kristallisation aus Aceton

$C_{36}H_{58}O_4 \cdot C_3H_6O$ (612,9): ber. C 76,41 H 10,53
gef. C 76,11 H 10,85

Cafestol-monostearat: Aus 0,95 g Stearinsäure und 0,5 ml Oxalylchlorid gewonnenes Stearinsäurechlorid wurde mit 1 g Cafestol in Benzol/Pyridin umgesetzt. Ausbeute an gereinigtem Ester 1,05 g (55%). Nach Umkristallisieren aus Aceton bei — 40° C wachsartige Mikrokristalle. Schmp. 30 — 31,5° C.

α_{0}^{D}: — 57,7 (in $CHCl_3$). Gut löslich in allen organischen Lösungsmitteln, unlöslich in Wasser.

$C_{38}H_{62}O_4 \cdot C_3H_6O$ (640,95): ber. C 76,77 H 10,69
gef. C 76,39 H 10,53

Cafestol-monoarachinat: Aus 1,04 g Arachinsäure und 0,5 ml Oxalylchlorid gewonnenes Arachinsäurechlorid wurde mit 1 g Cafestol in Benzol/Pyridin umgesetzt. Ausbeute an gereinigtem Ester 1,0 g (45%). Mikrokristalline Masse aus Aceton bei — 40° C. Löslich in fast allen organischen Lösungsmitteln, unlöslich in Wasser. α_{20}^{D}: — 53,2 (in $CHCl_3$)

$C_{40}H_{66}O_4 \cdot C_3H_6O$ (669,0): ber. C 77,17 H 10,85
gef. C 77,30 H 10,73

Cafestol-monobehenat: Aus 1,13 g Behensäure und 0,5 ml Oxalylchlorid gewonnenes Behensäurechlorid wurde mit 1 g Cafestol in Benzol/Pyridin umgesetzt. Ausbeute an gereinigtem Ester 1,2 g

(55%). Aus Aceton bei — 40° C wachsartige Mikrokristalle. Schmp. 50 bis 53° C. Löslich in fast allen organischen Lösungsmitteln, unlöslich in Wasser.
α_{20}^{D}:: — 52,7 (in $CHCl_3$)
$C_{42}H_{70}O_4 \cdot C_3H_6O$ (697,03): ber. C 77,53 H 10,99
gef. C 77,03 H 10,63

Cafestol-monooleat: Aus 0,94 g Ölsäure und 0,5 ml Oxalylchlorid gewonnenes Ölsäurechlorid mit 1 g Cafestol in Benzol/Pyridin umgesetzt. Ausbeute an gereinigtem Ester 0,92 g (50%). Farblose, ölige Flüssigkeit, in allen organischen Lösungsmitteln löslich, in Wasser unlöslich.
α_{20}^{D} : — 60,7 (in $CHCl_3$)
$C_{38}H_{60}O_4$ (580,86): ber. C 78,57 H 10,41
gef. C 78,03 H 10,35

Cafestol-monolinolat: Aus 0,93 g Linolsäure, hergestellt nach H. P. KAUFMANN und H. E. MESTERN [57], und 0,5 ml Oxalylchlorid gewonnenes Linolsäurechlorid wurde mit 1 g Cafestol in Benzol/Pyridin umgesetzt. Farblose, ölige Flüssigkeit, in fast allen organischen Lösungsmitteln gut löslich, in Wasser unlöslich. Zersetzt sich bei Destillation. Ausbeute 0,8 g (45%).
α_{20}^{D} : — 60,5 (in $CHCl_3$)
$C_{38}H_{58}O_4$ (578,84): ber. C 78,87 H 10,1
gef. C 78,78 H 10,04

Nunmehr wurden die synthetisch hergestellten Cafestol-Fettsäure-monoester in bekannter Mischung pc-analytisch mit Hilfe der bereits beschriebenen Methode untersucht.
Auf die Startpunkte A bis F (Abb. 13) wurden die Monoester der geradzahligen gesättigten Fettsäuren vom Myristat bis zum Behenat aufgetropft, auf die Startpunkte G und I das Linolat und das Oleat einzeln und auf H beide in Mischung. Das Chromatogramm bestätigt, daß auch hier kritische Paare der Ölsäure- und der Palmitinsäureester sowie der Linolsäure- und der Myristinsäureester auftreten, so daß die von H. P. KAUFMANN und

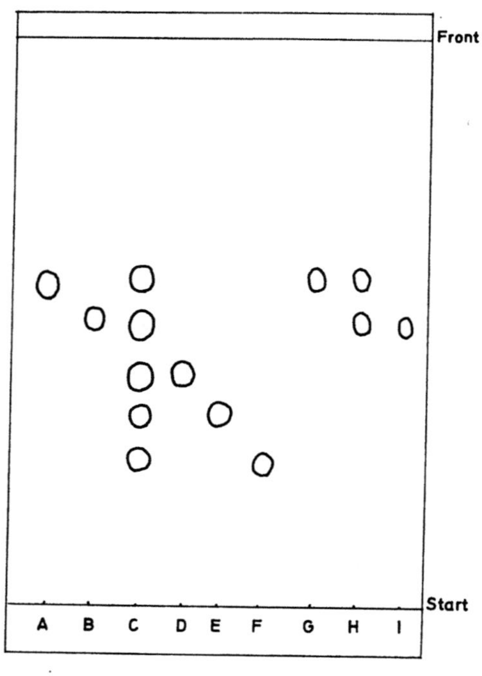

Abb. 13
pc-Analyse eines Gemisches synthetischer Cafestol-Fettsäure-monoester
Aufgetragen (je ~ 10 γ)
A Cafestol-monomyristat
B Cafestol-monopalmitat
C Mischung von A bis F
D Cafestol-monostearat
E Cafestol-monoarachinat
F Cafestol-monobehenat
G Cafestol-monolinolat
H Gemisch von G und I
I Cafestol-monooleat
Papier: Schl. & Sch. 2040b ausgew.
Imprägnierungsmittel: Undecan stand.
Imprägnierungsgrad: ~ 0,15
Fließmittel: Aceton-Acetonitril-Äthanol-Wasser (16 : 4 : 2 : 1)
Arbeitsweise: Aufsteigend
Laufzeit: ~ 4 Std.
Anfärbung: Phosphormolybdänsäure (~ 10% in Äthanol)

[57] Ber. dtsch. chem. Ges. *69*, 2684 (1936)

D. K. CHOWDHURY[58] beschriebene Hydrierung auf dem Papier durchgeführt wurde. Da die Möglichkeit bestand, daß dabei auch das Cafestol selbst hydriert wird, wurden zunächst, wie Abb. 14 zeigt, der Ölsäure-, Linolsäure- sowie der Stearinsäureester untersucht. Die Ester der ungesättigten Säuren wurden gleichzeitig in den Startpunkten C und D hydriert. Man sieht, daß letztere nach der Entwicklung die gleichen R_f-Werte zeigen wie der auf Startpunkt E aufgetropfte Stearinsäure-ester. Somit wird das Ring-System des Cafestols bei der katalytischen Hydrierung unter den Bedingungen der pc-Analyse nicht angegriffen, so daß die Analyse des Gemisches der Cafestol-Fettsäure-monoester im Kaffeeöl in der gleichen Weise durchgeführt werden konnte (Abb. 15).

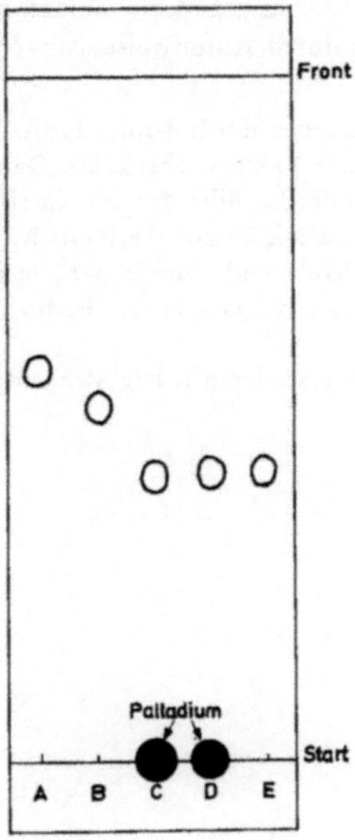

Abb. 14
Hydrierung der Cafestol-Ester auf dem Papier
Aufgetragen (je ~ 10 γ)
A, C Cafestol-monolinolat
B, D Cafestol-monooleat
E Cafestol-monostearat
Papier: Schl. & Sch. 2040b ausgew.
Imprägnierungsmittel: Undecan stand.
Fließmittel: Aceton-Acetonitril-Äthanol-Wasser (16 : 4 : 2 : 1)
Arbeitsweise: Aufsteigend
Laufzeit: ~ 4 Std.
Anfärbung: Phosphormolybdänsäure (~ 10% in Äthanol)

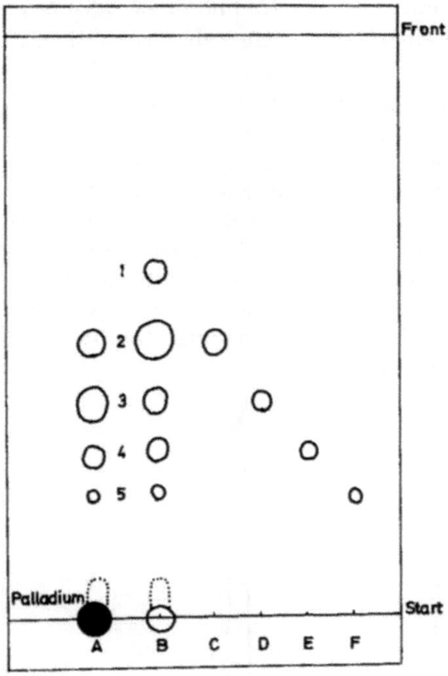

Abb. 15
Hydrierung von Kaffeeöl auf dem Papier
Aufgetragen: A, B Kaffeeöl ~ 500 γ
C Cafestol-monopalmitat ~ 10 γ
D Cafestol-monostearat ~ 10 γ
E Cafestol-monoarachinat ~ 10 γ
F Cafestol-monobehenat ~ 10 γ
Papier: Schl. & Sch. 2040b ausgew.
Imprägnierungsmittel: Undecan stand.
Fließmittel: Aceton-Acetonitril-Äthanol-Wasser (16 : 4 : 2 : 1)
Arbeitsweise: Aufsteigend
Laufzeit: ~ 4 Std.
Anfärbung: Sudanschwarz (~ 0,001%ig in 50%igem Äthanol)

Auf Startpunkt A und B trug man ~ 500 γ einer 5%igen benzolischen Lösung des Kaffeeöles auf, auf den Startpunkten C bis F synthetisches Cafestol-monopalmitat bis -behenat. Das Kaffeeöl auf Startpunkt A wurde auf dem Papier hydriert.

[58] H. P. KAUFMANN und D. K. CHOWDHURY, Chem. Ber. *91*, 2117 (1958)

Das Fehlen von Fleck Nr. 1 bei der hydrierten Substanz im Vergleich zu den nichthydrierten (Startpunkt A bzw. B) läßt erkennen, daß nur Linolsäure-, jedoch kein Myristinsäureester im Kaffeeöl vorhanden ist. Die Flecke Nr. 2 können von zwei Estern, dem Palmitat und dem Oleat, herrühren, die ein kritisches Paar bilden. Die Verkleinerung von Fleck Nr. 2 nach der Hydrierung zeigt, daß im Kaffeeöl außer dem Palmitat auch das Oleat vorhanden ist.

3. Die säulenchromatographische Trennung der Lipoid-Gruppen

Die Lipoide des Kaffeeöles wurden nunmehr präparativ mit Hilfe einer Silicagel-Säule getrennt[59]. Bei der Elution berücksichtigte man die von W. Trappe angegebene »eluotrope Reihe«[60] und trennte die verschiedenen Stoffklassen des Öles durch stufenweise Anwendung von Lösungsmitteln verschiedener Polarität.

40 g Kieselgel (Merck, für die Chromatographie, 0,2 bis 0,5 mm) wurden durch 4-stdg. Erhitzen im Trockenschrank auf etwa 110° C aktiviert und anschließend unter Vakuum abgekühlt. Dann führte man eine Anreibung desselben mit Petroläther (35 bis 45° C) durch, füllte den Brei in eine Petroläther enthaltende Säule von 3 cm Durchmesser, spülte nochmals mit Petroläther, gab 1,0 g rohes brasilianisches Kaffeeöl, gelöst in 5 ml Petroläther auf die Säule und eluierte auf die in Tab. 7 angegebene Weise. Sämtliche Lösungsmittel waren völlig wasserfrei. Die Tropf-Geschwindigkeit betrug 2 bis 3 Tropfen pro Sek.

Je 50 ml der einzelnen Fraktionen wurden nunmehr unter Stickstoff eingedampft. Die Menge der erhaltenen Rückstände zeigt Abb. 16.

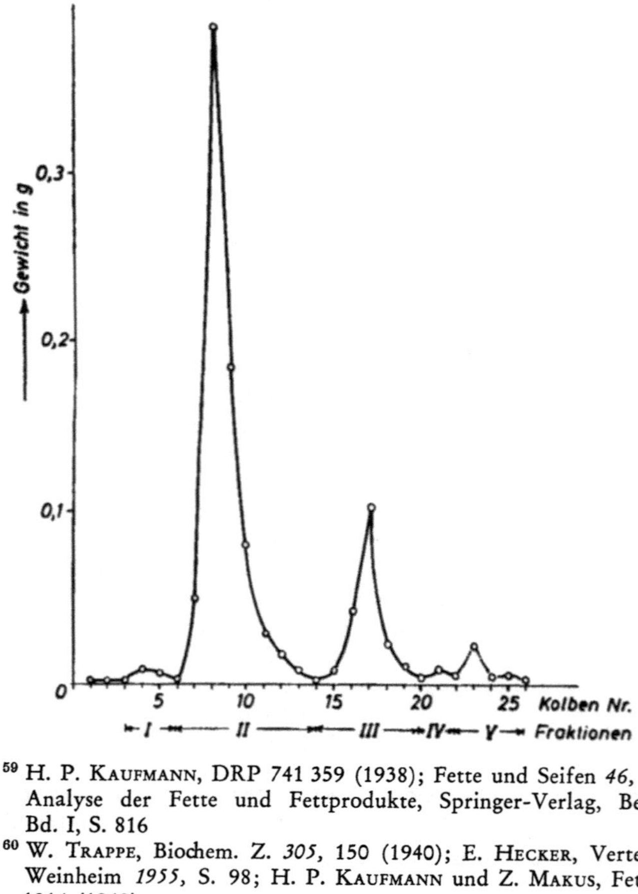

Abb. 16 Kaffeeöl-Fraktionen

[59] H. P. Kaufmann, DRP 741 359 (1938); Fette und Seifen *46*, 268 (1939); *47*, 294, 460 (1940); Analyse der Fette und Fettprodukte, Springer-Verlag, Berlin/Göttingen/Heidelberg *1958*, Bd. I, S. 816

[60] W. Trappe, Biochem. Z. *305*, 150 (1940); E. Hecker, Verteilungsverfahren, Verlag Chemie, Weinheim *1955*, S. 98; H. P. Kaufmann und Z. Makus, Fette – Seifen – Anstrichmittel *62*, 1014 (1960)

Tab. 7 Chromatographische Trennung der Lipoid-Bestandteile des Kaffeeöles. Stufenweise Elution der Kieselgel-Säule

Nr.	Eluierungsmittel		Menge des Lösungsmittels in ml
1	Äther + Petroläther	2 : 98	100
2	Äther + Petroläther	5 : 95	100
3	Äther + Petroläther	7 : 93	100
4	Äther + Petroläther	10 : 90	250
5	Äther + Petroläther	20 : 80	150
6	Äther + Petroläther	40 : 60	100
7	Äther + Petroläther	60 : 40	100
8	Äther + Petroläther	80 : 20	100
9	Äther		100
10*	Äther + Methanol	80 : 20	100
11*	Äther + Methanol	50 : 50	100

* Enthalten kleinste Mengen von kolloidgelöstem Kieselgel

Es wurden also aus Kaffeeöl 5 Fraktionen erhalten, die mit Hilfe der Farbreaktion nach LIEBERMANN-BURCHARD, der Digitonid-Fällung (Tab. 8), des IR- und des UV-Spektrums sowie durch pc-Analyse identifiziert werden konnten.

Tab. 8 Reaktionen der Kaffeeöl-Fraktionen

Fraktion		Liebermann-Burchard-Reaktion	Digitonid-Reaktion vor der Verseifung	Digitonid-Reaktion nach der Verseifung
I:	3– 5	blau	negativ	Fällung
II:	6–14	negativ	negativ	negativ
III:	15–20	braun	negativ	negativ
IV:	21–22	braun	negativ	negativ
V:	23–26	negativ	negativ	negativ

In den Hauptfraktionen II und III der Säulen-Trennung befinden sich die Triglyceride bzw. die Fettsäure-monoester des Cafestols und Kahweols. Es wurde bereits erwähnt, daß Kahweol, das bis zu etwa 15% in Cafestol vorkommt, derart ähnliche Eigenschaften wie Cafestol hat, daß lange Zeit sein Vorkommen in Begleitung mit Cafestol nicht entdeckt wurde[61]. Durch die charakteristische UV-Bande bei 290 μ ist Kahweol leicht nachzuweisen. Die Fraktion III zeigt eine UV-Absorptionsbande bei 290 μ. Somit ist zu erwarten, daß analog dem Cafestol, Kahweol auch in Form seiner Fettsäure-monoester vorkommt. Es ist verständlich, daß die für die Untersuchung der Cafestol-Fettsäureester benutzten pc-Systeme eine Auftrennung von Cafestol- und Kahweol-Fettsäureestern nicht ermöglichen.

Die gravimetrische Bestimmung der Fraktionen ergab als Mittelwerte mehrerer Versuche die aus Tab. 9 zu ersehende quantitative Zusammensetzung.

[61] A. WETTSTEIN, M. SPILLMANN und K. MIESCHER, Helv. chim. Acta *28*, 1004 (1945)

Tab. 9 Quantitative Zusammensetzung der Kaffeeöl-Fraktionen

Fraktion	Stoffklasse	Menge in g	% ber. auf Öl
I	Phytosterinester	0,0146	1,45
II	Triglyceride	0,7552	75,2
III	Cafestol- bzw. Kahweol Fettsäure-monoester	0,1855	18,48
IV	freies Cafestol, Kahweol und andere nicht identifizierte Stoffe	0,0133	1,2
V	Phosphatide und andere nicht identifizierte Stoffe	0,0422	4,2

Berechnet man aus diesen Werten die Verteilung der Fettsäuren zwischen Glycerin, Phytosterin und den Diterpenen (Cafestol bzw. Kahweol), so ergibt sich das in Tab. 10 wiedergegebene Bild.

Tab. 10 Verteilung der Fettsäuren

	Fettsäuren gebunden an			Gesamt-Fettsäuren	
	Phytosterin	Glycerin	Cafestol u. Kahweol	ber.	gef.
bezogen auf Öl (%)	0,5	69,0	8,0	77,5	78,3
bezogen auf Fettsäuren (%)	0,7	89,0	10,3		

4. *Untersuchung der jeweils an der Veresterung beteiligten Fettsäuren*

Nach der papierchromatographischne Trennung der Gesamtfettsäuren des Öles wurden nunmehr auch die Triglyceride und die Diterpen-Fettsäureester der einzelnen Fraktionen verseift, pc-analytisch im System Undecan/Essigsäure-Acetonitril (3 : 1) analysiert[62] und nach Anfärbung mit Kupferacetat/Rubeanwasserstoff photometrisch ausgewertet[63]. Abb. 17 zeigt die pc-Trennung von Fettsäuren der Triglyceride (a) bzw. der Diterpen-Fettsäureester (b). Die Mittelwerte mehrerer Bestimmungen zeigt Tab. 11.

Tab. 11 Zusammensetzung der Gesamtfettsäuren der Triglyceride und der Diterpen-Ester

	Fettsäuren aus dem Kaffeeöl	den Triglyceriden	den Diterpen-Estern
Linolsäure	39,0	41,0	20,5
Ölsäure	17,2	18,0	11,0
Palmitinsäure	25,3	23,5	42,5
Stearinsäure	13,1	12,5	17,5
Arachinsäure	4,2	5,0	6,0
Behensäure	1,0	Spuren	2,5

[62] H. P. Kaufmann und H. Schnurbusch, Fette – Seifen – Anstrichmittel *60*, 175 (1958)
[63] A. Seher, Fette – Seifen – Anstrichmittel *58*, 498 (1956)

Wie Tabelle 11 zeigt, enthalten die Glyceride mehr ungesättigte Fettsäuren, insbesondere Linolsäure, als die Ester der Diterpene, die andererseits mehr gesättigte Fettsäuren, insbesondere Palmitinsure, aufweisen.

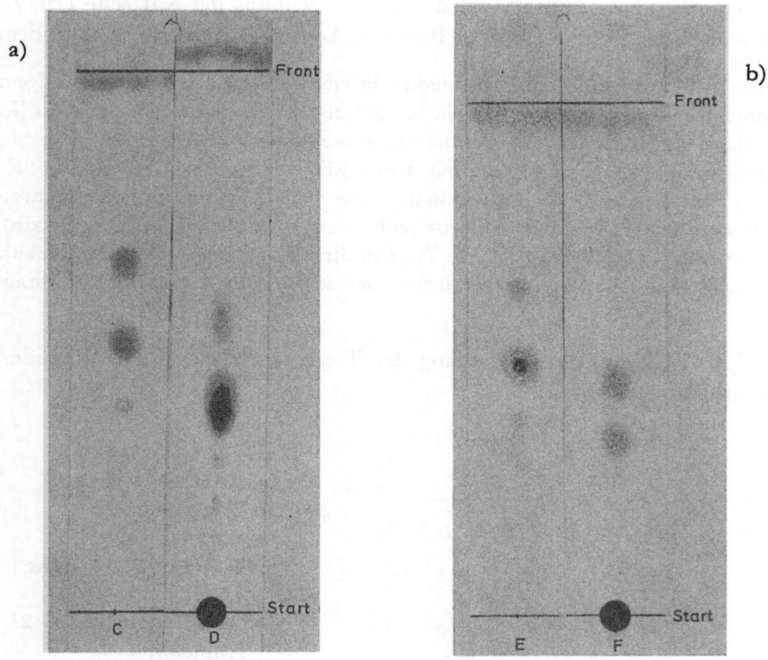

C. *Vor der Hydrierung*
Linolsäure
Öl- und Palmitinsäure
Stearinsäure
Arachinsäure
Behensäure

D. *Nach der Hydrierung*
Palmitinsäure
Stearinsäure
Arachinsäure
Behensäure

E. *Vor der Hydrierung*
Linolsäure
Öl- und Palmitinsäure
Stearinsäure
Arachinsäure
Behensäure

F. *Nach der Hydrierung*
Palmitinsäure
Stearinsäure
Arachinsäure
Behensäure

Abb. 17 pc-Trennung der Fettsäuren aus
a) Kaffeeöl-Triglyceride b) Diterpen-Fettsäureester

5. *Die Triglycerid-Zusammensetzung des Kaffeeöls*

Die Dünnschicht-Chromatographie zur Trennung synthetischer sowie natürlicher Triglyceride ist von H. P. Kaufmann und Mitarbeitern [64–66] erfolgreich angewandt worden. Die Triglyceride zeigen bei der Adsorptions- sowie Verteilungs-Chromatographie ein gleiches oder sehr ähnliches Verhalten wie die Fettsäuren. Es treten also auch hier »kri-

[64] H. P. Kaufmann, Z. Makus und B. Das, Fette – Seifen – Anstrichmittel *63,* 807 (1961)
[65] H. P. Kaufmann, Z. Makus und T. H. Khoe, Fette – Seifen – Anstrichmittel *64,* 1 (1962)
[66] H. P. Kaufmann und B. Das, Fette – Seifen – Anstrichmittel *64,* 214 (1962)

tische Partner« auf. Für die Trennung derselben wurden die Tieftemperatur-Chromatographie[67], die Hydrierung [65, 68], die Bromierung[65] sowie die Mehrfach-Entwicklung[69] benutzt. Die letztgenannte Methode erwies sich als sehr einfach und vorteilhaft bei der Dünnschicht-Chromatographie der Triglyceride, da hier der chemische Zustand der »kritischen Partner« nicht geändert wird. Für die Trennung der Kaffeeöl-Triglyceride auf der Platte wurde das System flüssiges Paraffin/Aceton-Acetonitril (4 : 1)[69] benutzt.

Die Kieselgur G-Platte wurde durch Eintauchen in eine 7,5%ige Lösung von flüssigem Paraffin (zur IR-Spektrokopie, E. Merck) in Petroläther (60 bis 70° C) imprägniert. Danach ließ man sie 1/2 Std. an der Luft liegen, um den Petroläther verdunsten zu lassen, tropfte das zu trennende Triglycerid-Gemisch auf und entwickelte mit dem Fließmittel Aceton-Acetonitril (4 : 1) (gesättigt mit flüssigem Paraffin). Nach der Entwicklung wurde das Fließmittel im Stickstoffstrom entfernt und die Platte anschließend in gleicher Weise noch zweimal entwickelt. Nach der letzten Entwicklung trocknete man 1/2 Std. bei 100° C im Trockenschrank und stellte nach dem Abkühlen in ein Gefäß mit Joddampf. Die Triglyceride ließen sich schon nach kurzer Zeit als braune Flecke erkennen.

Abb. 18 zeigt die Dünnschicht-Trennung der Triglyceride der Kaffee-Lipoide, getrennt durch Säulen-Chromatographie.

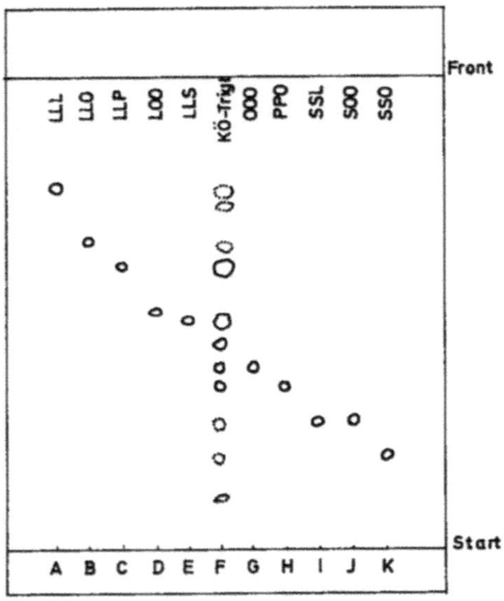

Abb. 18
Dünnschicht-Trennung der Triglyceride der Kaffee-Lipoide
Aufgetragen: Synthetische Triglyceride je ~ 3 γ
Kaffeeöl-Triglyceride ~ 25 γ
A Trilinolin;
B Oleodilinolin;
C Palmitodilinolin;
D Dioleolinolin;
E Stearodilinolin;
F Kaffeeöl-Triglyceride;
G Triolein;
H Dipalmitoolein;
I Distearolinolin;
J Stearodiolein;
K Distearoolein.

III. Die Veränderung der Lipoide bei der Kaffee-Röstung

Das Rösten der Kaffee-Bohnen ist eine partielle trockene Destillation. Es erfolgt bei Temperaturen von 190 bis 220° C und dauert meist etwa 10 Minuten. Dabei entstehen das erwünschte Aroma und der Geschmack. Der Röstvorgang kann in drei Phasen geteilt werden[70], wie das Beispiel der Tabelle 12 zeigt.

[67] H. P. Kaufmann und E. Mohr, Fette – Seifen – Anstrichmittel *60,* 165 (1958)
[68] H. P. Kaufmann und D. K. Chowdbury, Chem. Ber. *91,* 2117 (1958)
[69] H. P. Kaufmann und B. Das, Fette – Seifen – Anstrichmittel *64,* 214 (1962)
[70] Bernhard Rothfos, Kaffee-Handbuch, Gram de Gruyter & Co. Verlag, Hamburg *1960,* S. 156

Tab. 12 Rösten von Kaffee-Bohnen

	Zeit	Temperatur
1. Einfüll-Temperatur	0'	210° C
2. »Aufknacken«	8'	200° C
3. »Entwickeln«	10'	200° C
Röst-Farbe		mittelbraun

Neuerdings wird das Rösten auch nach dem »Aerotherm«- oder dem »Infrarot«-Verfahren [71] durchgeführt. Beim »Aerotherm«-Verfahren treffen die Kaffee-Bohnen im Gegenstrom auf erhitzte Luft. Beim »Infrarot«-Verfahren wird die Trommel durch Infrarot-Strahlen erhitzt. Um die Bekömmlichkeit und die Qualität des Kaffees zu verbessern, wird auch eine Vorbehandlung mit Wasserdampf [72—74], UV-Strahlen [75], bestimmten Fermenten [76] oder mit Chemikalien [77, 78] vorgenommen.

Die erste Phase der Röstung dient zum Entwässern und Bräunen des Rohkaffees. Seine Endstufe ist das »Knacken«, d. h. der Zeitpunkt, zu dem die Zellwände des Kaffees durch die Hitze gesprengt werden. Darauf folgt das »Entwickeln«, auch »Vollröstung« genannt. Durch diese letzte Stufe wird die Oberfläche der Bohnen glatt; sie besitzen dann die gewünschte Röstfarbe. Gleichzeitig entwickeln sich die wertvollen Aroma- und Geschmacksstoffe. Im allgemeinen finden während des Röstens ein Gewichtsverlust von etwa 25⁰/₀ und eine Volumen-Zunahme von etwa 30—50⁰/₀ statt.
Die chemischen Vorgänge des Röstprozesses sind sehr kompliziert. Die dabei entstehenden pyrolytischen Produkte können in drei Gruppen klassifiziert werden:

1. Farb- und Geschmacksstoffe
2. Aromastoffe
3. Polycyklische aromatische Kohlenwasserstoffe

Die Farb- und Geschmacksstoffe entstehen bereits am Ende der ersten Stufe des Röst-Verfahrens. Die Farbstoffe sind karamelisierte Zucker- und Eiweißstoffe. Die Farbintensität kann zur Kontrolle des Röstgrades dienen[79, 80]. Für den Kaffee-Geschmack sind die wasserlöslichen Anteile wichtig. Die Hauptursache des bitteren Geschmackes des Kaffees dürfte durch Chlorogensäure[81] (11,6⁰/₀ des Trocken-Extraktes)[82] bedingt sein. Während des Röst-Verfahrens wird die freie Chlorogensäure rasch abgebaut[83] und die in einem Kalium-Coffein-Komplex gebundene Chlorogensäure in Freiheit gesetzt. Unter den anderen Stoffen, die den Kaffee-Geschmack verursachen können, sind im Kaffee-Aufguß

[71] A. Sebastian Torres, N.P. 76 255 (1947); Schwed. P. 132 694 (1947)
[72] Kaffee-Handels Aktiengesellschaft, Bremen, DRP 538 439 (1923)
[73] K. H. Wimmer, A.P. 1 502 222 (1923)
[74] W. H. Levelt, E.P. 362 313 (1931)
[75] D. J. Kennedy, Can. P. 394 380 (1940)
[76] Kaffee Hag A.G., DRP 740 900 (1940)
[77] W. I. Hale, A.P. 2 824 805 (1952)
[78] Samuel Lee, A.P. 2 746 866 (1954)
[79] E. E. Lockhardt, Chemistry of Coffee (Symposium), Dpt. of Army, Research and Development Command Quarter master, Food and Container Institute for the Armed Forces, USA (1957)
[80] Angola C. Little und G. Mackinney, Food Technol. *12*, 505 (1958)
[81] A. Beythien, Die Geschmacksstoffe der menschlichen Nahrung, bearbeitet von K. G. Wagner, Technische Fortschrittsberichte, Band 80, Theodor Steinkopff-Verlag, Dresden *1952*
[82] Joao R. Pucci, Rev. mens. Ind. brasil *21*, 44 (1953)
[83] W. Hoepfner, Z. Lebensm. Unters. u. Forschung *70*, 112 (1935)

geringe Mengen an Essigsäure, Brenztraubensäure, Oxalsäure, Apfelsäure, Citronensäure, Weinsäure und Spuren von Ameisensäure nachgewiesen worden[84].

Der Geruch der Kaffee-Bohnen während des Röstens erinnert zuerst – nach 1½ Min. Röstdauer – an Brot. Nach etwa 4½ Min. beginnt der typische Röstgeruch in Erscheinung zu treten, und erst nach 8 Min., also am Ende der zweiten Röststufe, entwickelt sich das typische Kaffee-Aroma. Bei ersten Untersuchungen über die Zusammensetzung der Kaffee-Aromastoffe konnten REICHSTEIN und STAUDINGER [85] sowie JOHNSTON und FREY [86] folgende Substanzen nachweisen: Diacetyl, Furfurylaldehyd, Pyridin, Furfurylalkohol, Acetaldehyd, Furan, H_2S und Methylacetylcarbinol. Durch neuere gaschromatographische Untersuchungen [87/89] wurden eine Anzahl von flüchtigen Bestandteilen – Acetaldehyd, Propionaldehyd, Butyraldehyd, Isobutyraldehyd, Isovaleraldehyd, Aceton, Methyläthylketon, Methanol, Äthanol, Dimethylsulfid, Methylmercaptan, α-Furfurylmercaptan, Schwefelwasserstoff, Methylformeat, Diacetyl, Acetylpropionyl, Furan und Thiophen – identifiziert. Ein Gewichtsanteil der Aromastoffe entspricht etwa 2 000 Teilen Röst-Kaffee.

KURATSUNE und HUEPER[90, 91] konnten mit Hilfe der UV-Spektroskopie eine Reihe von polycyclischen aromatischen Kohlenwasserstoffen im Kaffee-Ruß identifizieren. Unter diesen befinden sich Phenanthren, Pyren, Fluorenthren, Chrysen, Benzo(a)pyren und Benzo(ghi)perylen. Die genannten Autoren fanden diese Stoffe auch in einem tiefdunkel gerösteten Kaffee. Benzo(a)pyren ist ein carcinogener Stoff. Täglich 5 Tassen Kaffee aus stark geröstetem Kaffee entsprechen 0,1 μg Benzo(a)pyren. Diese Menge ist nach Ansicht der Verfasser zu gering, um auf eine Krebsgefahr bei Genuß stark gerösteten Kaffees zu schließen.

O'MEARA und TRUBY[92] haben durch Messung der elektron-paramagnetischen Resonanz-Absorption in geröstetem Kaffee und löslichen Kaffee-Extrakten angeblich freie Radikale in stabiler Form nachgewiesen.

In den nachstehenden Versuchen wird über die Veränderungen der Lipoide beim Rösten berichtet.

1. Versuchsmaterial

Die drei Kaffeesorten Santos, Columbia und Kivu mit je 3 verschiedenen Röstgraden - eine milde, eine mittlere und eine stark geröstete Probe - wurden untersucht.

Frisch gemahlene Proben wurden im Durchlauf-Extraktor mittels Petroläther (Sdp. 35–45° C) 20 Stunden unter Stickstoff extrahiert, der Petroläther-Extrakt über Nacht bei 5° C im Kühlschrank stehengelassen und dann der ausgeschiedene Feststoff, hauptsächlich Coffein, abgetrennt. Die klare Petroläther-Lösung dampfte man dann unter Stickstoff im Wasserstrahl-Vakuum ein und bestimmte die Kennzahlen der verschiedenen Kaffeeöl-Proben nach den DGF-Einheitsmethoden. Tabelle 13 gibt den Öl-Gehalt und die Kennzahlen verschiedener Kaffee-Sorten wieder.

Das Kaffeeöl aus rohen Bohnen stellt eine hellgelbe Flüssigkeit mit dem charakteristischen Geruch von roh gemahlenem Kaffee dar, das aus geröstetem Kaffee ist dunkelbraun und besitzt ein starkes Kaffee-Aroma. Tiefgehende Fettveränderungen beim Rösten treten

[84] AHMED F. MABROUK u. F. E. DEATHERAGE, Food Technol. *10*, 194 (1956)
[85] T. REICHSTEIN u. H. STAUDINGER, E. P. 246 454, 260 960 (1926)
[86] W. R. JOHNSTON u. C. N. FREY, J. Amer. Chem. Soc. *60*, 1624 (1938)
[87] J. H. SULLIVAN, D. H. ROBERTSON, C. MERRITT, Jr. Division of Agricultural and Food Chemistry, 135th Meeting, ACS, Boston, Mass. (April 1959)
[88] A. ZLATKIUS u. M. SIVETZ, Food Res. *25*, 395 (1960)
[89] J. W. RHOADES, J. Agric. Food Chem. *8*, 136 (1960)
[90] M. KURATSUNE u. W. C. HUEPER, J. National Cancer Institute *20*, 37 (1958)
[91] M. KURATSUNE u. W. C. HUEPER, J. National Cancer Institute *24*, 463 (1960)
[92] JOHN P. O'MEARA, F. K. TRUBY u. Thomas M. SHAW, Food Res. *22*, 96 (1957)

Tab. 13 Öl-Gehalt und Kennzahlen von rohem und geröstetem Kaffee verschiedener Provenienz

Provenienz des Kaffees	Flüchtige Bestand- teile	Öl- Gehalt	SZ	VZ	JZ	Unv. (%)	Gesamt- Fettsäuren %	JZ der Fettsäuren
1. Santos, roh	8,84	7,04	3,53	176,7	90,96	11,39	78,40	89,66
2. Santos, Röstgrad I	3,60	9,15	4,40	180,8	91,62	10,59	76,78	90,61
3. Santos, Röstgrad II	3,53	14,20	6,43	181,9	93,46	9,63	79,03	89,95
4. Santos, Röstgrad III	3,89	15,56	8,15	184,0	97,43	9,53	79,09	90,14
5. Columbia, roh	10,89	7,15	3,14	180,0	93,22	11,27	74,70	90,05
6. Columbia, Röstgrad I	3,79	10,27	5,37	183,4	95,45	9,90	74,79	90,61
7. Columbia, Röstgrad II	3,65	15,10	6,57	185,8	96,31	9,15	76,65	90,90
8. Columbia, Röstgrad III	0,83	16,16	8,67	185,4	97,20	9,21	81,52	91,05
9. Kivu, roh	8,87	6,65	4,16	183,0	92,56	10,42	68,87	88,75
10. Kivu, Röstgrad I	2,81	9,03	6,31	185,1	93,89	9,02	70,77	89,94
11. Kivu, Röstgrad II	2,80	14,96	5,76	186,6	95,71	9,36	80,17	91,35
12. Kivu, Röstgrad III	2,44	16,05	6,69	185,7	95,38	9,04	78,80	91,07

nicht ein. Wie aus Tab. 13 hervorgeht, findet mit dem steigenden Röstgrad eine anscheinende Zunahme des Ölgehaltes der Kaffeebohne statt. Sie ist einerseits durch den allgemeinen Gewichtsverlust beim Rösten[93] bedingt, andererseits dadurch, daß die Lipoide durch die Zerreißung der Zellwände während des Röstens leichter extrahierbar werden. Obwohl eine gewisse Steigerung der Jodzahl der Gesamtlipoide eintritt, bleibt die der Fettsäuren praktisch konstant. Daraus ist zu schließen, daß lipoidlösliche ungesättigte Röstprodukte die geringe Jodzahl-Steigerung verursachen. Die Jodzahl der Gesamtlipoide ist um einige Einheiten höher als die der Fettsäuren, bedingt durch den höheren Prozentsatz an dem stark ungesättigten Unverseifbaren.
Der Fettsäure-Gehalt der Gesamtlipoide schwankt mit dem Röstgrad nur wenig, während der unverseifbare Anteil beim ersten und zweiten Röstgrad eine gewisse Abnahme zeigt und beim dritten Röstgrad kein weiterer Verlust eintritt. Die Säure- und Verseifungszahlen steigen mit dem Röstgrad. Bei den Proben von Kivu-Kaffee sind geringe Unregelmäßigkeiten in der Säurezahl zu beobachten. Ihre Steigerung mit dem Röstgrad weist darauf hin, daß während des Röstens der gebildete Wasserdampf eine hydrolytische Spaltung der Lipoide verursacht. Die Hauptbestandteile der Lipoide sind Triglyceride (75,2%) und Diterpen-Fettsäureester (18,5%). Die pc-Analyse leistete auch bei Verfolgung der hydrolytischen Spaltung der Diterpen-Fettsäureester gute Dienste. Im System Undecan/Methanol-Wasser (90 : 10) konnten die freien Diterpene (Cafestol und Kahweol) infolge ihres stark polaren Charakters von anderen Lipoiden getrennt werden. Ein Blick auf das Chromatogramm, bei dem gleiche Mengen Kaffeeöl aus rohem Kaffee und Kaffee verschiedener Röstgrade auf das Papier getropft worden waren, zeigt eine Steigerung des Gehalts an freiem Diterpen mit dem Röstgrad. Um die Mengenverhältnisse feststellen zu können, mußte eine zuverlässige quantitative Bestimmungsmethode zur Bestimmung des Diterpen-Gehaltes ausgearbeitet werden. Da die beiden Diterpene Cafestol bzw. Kahweol (das letztere begleitet das Hauptditerpen Cafestol zu etwa 15%)[94] sehr ähnliche pc-Eigenschaften haben, wurde der Gesamtgehalt an freiem Diterpen auf Cafestol bezogen.

2. pc-Bestimmung der freien Diterpene

Auf Papierstreifen (Schl. & Sch. 2040b), 15 x 29 cm groß, wurden 2 cm vom unteren Rand 4 Punkte im Abstand von 3 cm markiert. Nach einhalbstündigem Trocknen des Papiers im Trockenschrank bei etwa 80° C erfolgte die Imprägnierung, indem man das Papier durch eine 10%ige Lösung von Undecan stand. in Petroläther (35 bis 45° C) zog und das Lösungsmittel an der Luft verdunsten ließ. Der Imprägnierungsgrad betrug ~ 0,15. Auf den Startpunkten A bis D (Abb. 19) wurden 5 γ, 10 γ, 15 γ und 20 γ einer genau 0,1%igen Lösung von Cafestol in Benzol mit Hilfe einer Präzisionspipette aufgetropft. Als Fließmittel diente 90%iges Methanol, von dem 80 Teile mit Undecan stand. gesättigt waren. Nach der Entwicklung (etwa 3 Std., Steighöhe 20 cm) wurden das Imprägnierungsmittel und das Fließmittel im Trockenschrank bei 80° C entfernt (1/2 Std.). Das Papier wurde nun beiderseitig mit einer 2%igen Lösung von Phosphormolybdänsäure in Äthanol gleichmäßig besprüht. In wenigen Sekunden wurden hellrote Flecke sichtbar. Die optimale Intensität der Fleckenfärbung wird bei Zimmertemperatur (20° C) in etwa 1 Std. erreicht. Nach einstündigem Stehen bei Zimmertemperatur wurde der die Cafestol-Flecke enthaltende Streifen des Chromatogramms, wie in Abb. 19 gestrichelt, ausgeschnitten und photometriert. Abb. 20 zeigt die photometrischen Kurven. Die Intensität der Flecke ist für eine quantitative photo-

[93] C. Coolhaas, H. J. de Fuiter u. T. P. Koenig, Tropische und subtropische Weltwirtschaftspflanzen – Kaffee, Ferdinand Eroke Verlag, Stuttgart *1960*, S. 211
[94] C. Djerassi, E. Wilfred, L. Visco u. A. J. Lemin, J. org. Chem. *18*, 1449 (1953)

Abb. 19
Chromatogramm des Cafestols
Aufgetragen: A 5γ, B 10γ, C 15γ, D 20γ Cafestol
Papier: Schl. & Sch. 2040b ausgew. (15 x 29 cm)
Imprägnierungsmittel: Undecan stand.
Imprägnierungsgrad: ~ 0,15
Fließmittel: Methanol-Wasser (90 : 10)
Arbeitsweise: Aufsteigend
Laufzeit: ~ 3 Std.
Anfärbung: Phosphormolybdänsäure (2% in Äthanol), 1 Std. bei Zimmertemperatur

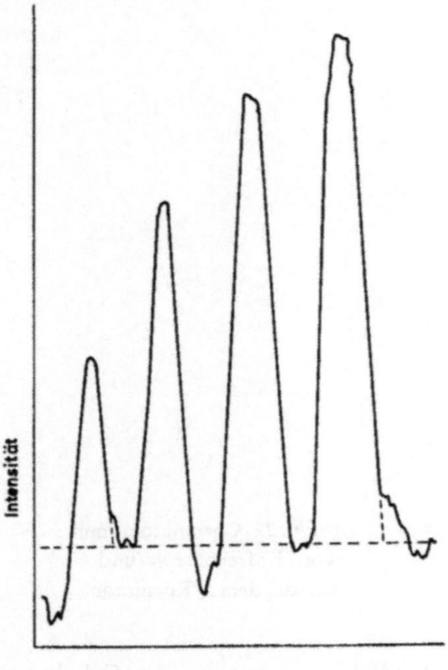

Abb. 20

metrische Auswertung ausreichend. Nach dem Planimetrieren der Kurven wurden die Cafestol-Menge in γ gegen die Fleckenintensität aufgezeichnet (Abb. 21). Auf diese Weise ergibt sich eine Eichkurve für die Bestimmung der freien Diterpene in den verschiedenen Kaffeeöl-Proben.

Auf das imprägnierte Papier wurden an den Startpunkten A bis D (Abb. 22) je 1000 γ einer genau 5%igen Lösung von Kaffeeöl in Benzol aus Rohkaffee bzw. Kaffee der drei Rötgrade mit Hilfe einer Präzisionspipette aufgetragen. Nach Entwicklung mit 90%igem Methanol und Entfernung des Imprägnierungs- und Fließmittels färbte man durch gleichmäßiges Besprühen beider Seiten des Papiers mit einer 2%igen äthanolischen Phosphormolybdänsäure an, schnitt nach einer Stunde den die Cafestol-Flecke enthaltenden Streifen (Abb. 21) heraus und photometrierte unter den gleichen Meßbedingungen (gleiche Empfindlichkeit der Photozelle und gleiche Geschwindigkeit des Schreibers). Die Abb. 23 zeigt die photometrischen Kurven für den Gehalt an freien Diterpenen in den verschiedenen Kaffeeöl-Proben der Santos-Sorte. Aus den planimetrierten Photometer-Kurven wird mit Hilfe der Eichkurve (Abb. 21) die vorliegende Cafestol-Menge abgelesen. Damit ergibt sich der Gehalt an freiem Diterpen in γ pro 1000 γ Kaffeeöl.

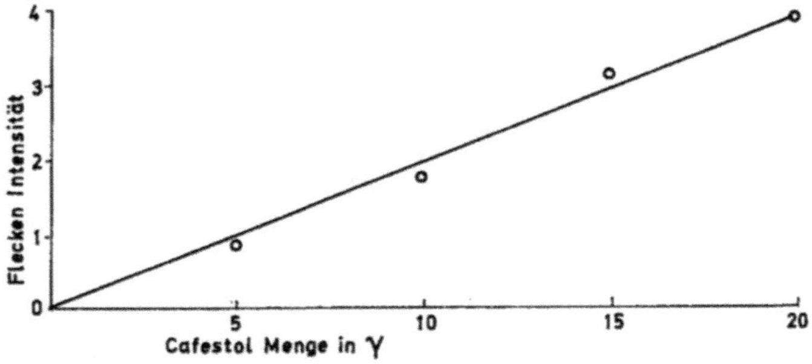

Abb. 21

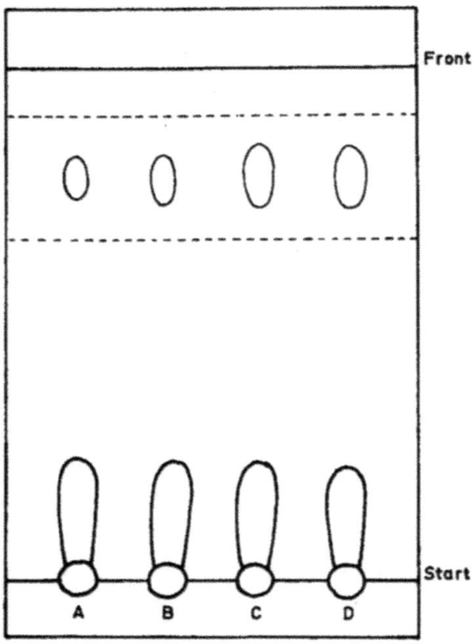

Abb. 22 Chromatogramm von Kaffeeöl roh und verschiedener Röstgrade

Tab. 14 zeigt die Mittelwerte von jeweils 6 Parallel-Bestimmungen des Gehaltes an freiem Diterpen der verschiedenen Kaffee-Proben. Die Säurezahlen der entsprechenden Proben sind gleichzeitig angegeben. Der Gehalt an freiem Diterpen wird nur durch hydrolytische Spaltung der Fettsäureester der Diterpene verursacht, die Steigerung der Säurezahl durch Freisetzung von Fettsäuren sowohl aus den Diterpen-Estern als auch aus Triglyceriden. Daneben liegen andere organische Säuren, wie z. B. Essigsäure, vor, die in Spuren im Kaffee nachgewiesen worden sind. Die relative Steigerung des Diterpen-Gehaltes ist im allgemeinen größer als die der Säurezahlen. Abb. 24 zeigt die relativen Steigerungen als Funktion des Röstgrades. Es ist zu erkennen, daß der Anstieg der Säurezahl fast linear verläuft, während der Gehalt an freien Diterpenen eine sprunghafte Zunahme zeigt. Diese Tatsache weist darauf hin, daß die durch die hydrolytische Spaltung in Freiheit gesetzten Fettsäuren in dem mit Petroläther gewonnenen Lipoid-Extrakt nicht quantitativ vorhanden sind. Es besteht die Möglichkeit, daß die durch Hydrolyse freigemachten Fettsäuren bei höherer Rösttemperatur verdampfen oder sich mit dem Kalium des Chlorogensäure-Coffein-Komplexes zu Seifen verbinden, die mit Petroläther nicht extrahiert werden.

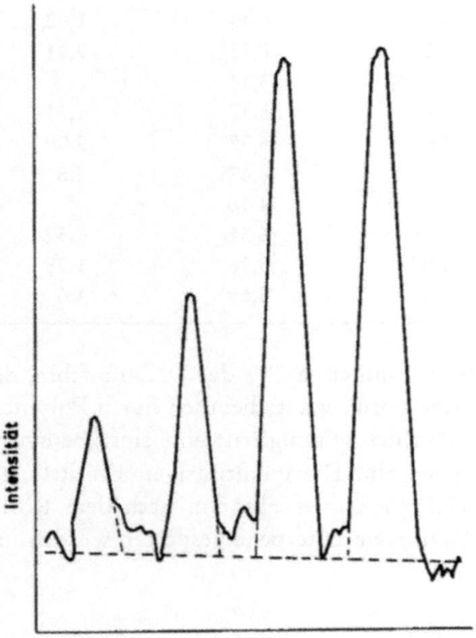

Abb. 23

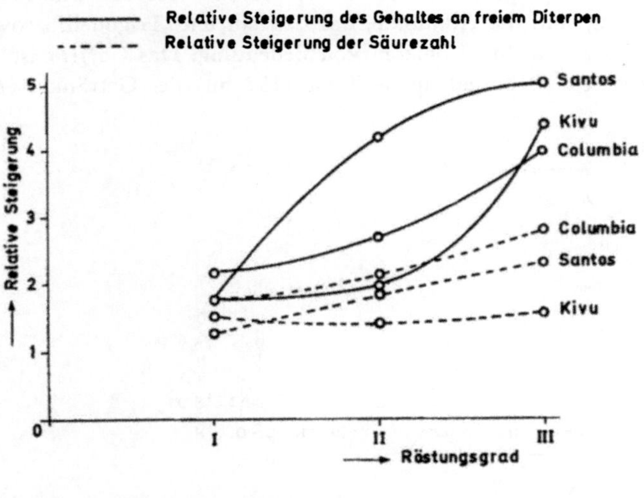

Abb. 24

Vorstehende Versuche zeigen, daß während des Kaffee-Röstens bestimmte Lipoid-Veränderungen eintreten, die hauptsächlich die Diterpene betreffen. Aus den experimentellen Ergebnissen ist zu schließen, daß die Diterpen-Ester zwei Veränderungen erleiden. Die erste ist eine tiefgehende Veränderung, die durch die Abnahme des Unverseifbaren ge-

Tab. 14 Gehalt an freiem Diterpen verschiedener Kaffee-Proben und Säurezahlen der Gesamtlipoide

Kaffee-Probe	Diterpen frei in %	Relative Steigerung des freien Diterpens	Säurezahl	Relative Steigerung der Säurezahl
1. Santos, roh	0,37		3,53	
2. Santos, Röstgrad I	0,65	1,76	4,40	1,25
3. Santos, Röstgrad II	1,55	4,2	6,43	1,82
4. Santos, Röstgrad III	1,86	5,0	8,15	2,31
5. Columbia, roh	0,3		3,14	
6. Columbia, Röstgrad I	0,65	2,17	5,37	1,71
7. Columbia, Röstgrad II	0,8	2,67	6,57	2,09
8. Columbia, Röstgrad III	1,2	4,0	8,67	2,8
9. Kivu, roh	0,38		4,16	
10. Kivu, Röstgrad I	0,7	1,84	6,31	1,52
11. Kivu, Röstgrad II	0,75	1,97	5,76	1,38
12. Kivu, Röstgrad III	1,69	4,4	6,69	1,6

kennzeichnet ist. Eine Abnahme des Unverseifbaren um etwa 2% deutet darauf hin, daß ein Teil der Diterpen-Ester in eine lipoidunlösliche Form, wahrscheinlich durch Polymerisation, übergehen. Aber neben dieser komplizierten Erscheinung tritt eine einfache hydrolytische Spaltung unter Freisetzung der Diterpene ein. Die quantitativen Ermittlungen für die Santos-Probe zeigen z. B., daß von 11,39% Unverseifbarem nach dem Rösten 1,86% lipoidunlöslich wurden, während 1,49% in freie Diterpene gespalten werden und 8,04% unverändert bleiben.

IV. Lipoid-Bestandteile des Kaffee-Getränkes

Die Zusammensetzung des Kaffee-Aufgusses wurde von zahlreichen Autoren untersucht. Für die physiologische Wirkung sind die Alkaloide, das Coffein und Trigonellin sowie die Depside, die Chlorogensäure und ihre Isomeren von Bedeutung. Das *Coffein* ist im üblichen Kaffee-Aufguß zwischen 30 bis 60 mg je Tasse (150 ml) des Getränkes ent-

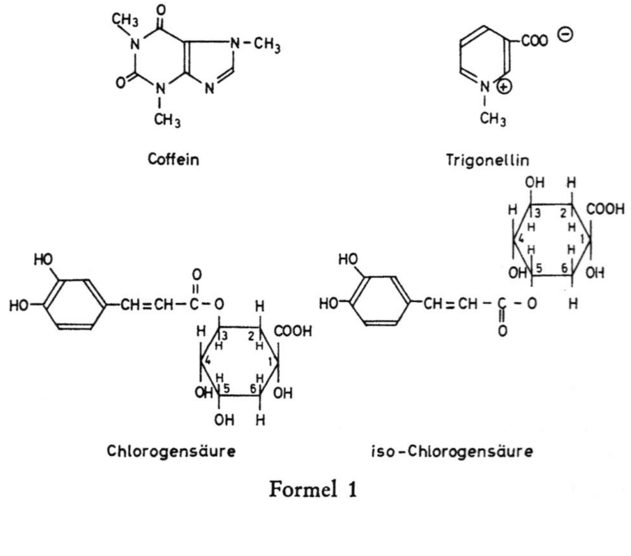

Formel 1

halten[95]. Seine physiologische Wirkung ist zur Genüge bekannt[96]. Coffein ist ein zentral erregender Stoff und wirkt als Analepticum. Neben der Kreislauf-Wirkung ist eine individuell verschiedene Diurese zu bemerken. Zur Entfernung des Coffeins extrahiert man nach dem ältesten Patent (Firma Hag) die Bohnen mit Methylchlorid. Neuerdings werden auch andere Lösungsmittel benutzt.

Trigonellin, das zweite wichtige Alkaloid der Kaffee-Bohne, ist in kleineren Mengen (0,3 bis 0,4%) im gerösteten Kaffee[97] vorhanden. L. J. JEPLY[98] untersuchte den Nährwert von Extrakt-Pulver und stellte fest, daß in 1 g des pulverförmigen Kaffee-Extraktes im Mittel 0,33 mg Nikotinamid und geringe Mengen von Niacin, Riboflavin, Pantothensäure, Cholin, Folsäure, Citrovorum-Faktor, Vitamin B_6 und Vitamin B_{12} enthalten sind.

Die *Chlorogensäure,* so genannt wegen ihrer Grünfärbung in alkalischer Lösung, in vielen Pflanzen vorkommend[99], ist ein Depsid, dessen Grundkörper Kaffeesäure (3,4-Dioxyzimtsäure) und Chinasäure (1,3,4,5-Tetraoxyhexahydrobenzoesäure) sind, wie aus vorstehender Konstitutionsformel ersichtlich. Ihre physiologische Wirkung wurde vielfach diskutiert. Im Trocken-Extrakt des Kaffee-Aufgusses wurden 11,6% Chlorogensäure gefunden[100] und folgende Wirkungen beschrieben: Hemmung der peptischen Verdauung[101, 102], schwach hämolytischer Effekt[103] und, im Kaliumcoffein-Komplex, Entgiftung des Coffeins[103], Schädliche Wirkungen scheinen aber bei der im Kaffee-Getränk vorhandenen Konzentration nicht vorzuliegen.

Der Kaffee-Aufguß enthält auch reduzierende *Zucker* (1%), Saccharose (0,7%), Protein (14,3%), Karamel (?) und Asche (14%), alle Werte bezogen auf Trockenrückstand[104]. A. F. MABROUK und F. E. DEATHERAGE[105] konnten durch Anwendung der Verteilungs-Chromatographie verschiedene organische Säuren, nämlich Essig-, Brenztrauben-, Oxal-, Apfel-, Citronen-, Wein- und selten Ameisensäure im Aufguß nachweisen. Im wäßrigen Isopropanol-Extrakt der roh und gerösteten Kaffee-Bohne fanden C. PICTET und H. BRANDENBURGER[106] folgende polyphenolische Säuren: Ferulasäure, Kaffeesäure, Iso-, Neo- und Chlorogensäure sowie 3-Ferulyl-chinasäuren. Aus spektroskopischen Untersuchungen der Asche des Kaffee-Extraktes schlossen W. MOSSIMANN und O. HÖGL[107] auf die Gegenwart folgender Elemente: K, Na, Ca, Mg, P, Fe, Cu und Mn. Den Gehalt an Na und K in der Asche gaben sie mit 0,48 mg % bzw. 412 mg % an.

Den Fettchemiker interessiert die Frage, ob und in welchen Mengen Lipoid-Bestandteile der gerösteten Kaffee-Bohne in das Getränk übergehen. Zwar hat man in diesem bereits »Kaffeefett« nachgewiesen[105], doch fehlen genauere Untersuchungen über dessen Zusammensetzung. Hierzu wurde die Dünnschicht-Chromatographie herangezogen, die aber zunächst auf die Lipoide des Kaffeeöls angewandt werden mußte, eine Ergänzung der bereits beschriebenen Trennung durch die Säulen-Chromatographie.

[95] MAX REICH, Deutsch. Lebensmittel-Rdsch. *54,* 162 (1958)
[96] Siehe dazu H. P. KAUFMANN, Arzneimittel-Synthese, Springer-Verlag, Berlin *1953,* S. 240
[97] GUISEPPE ADAMO, Ann. chimica *45,* 275 (1955)
[98] L. J. JEPLY, Food Technol. *12,* 485 (1958)
[99] E. MENDEN, B. MÜLLER u. A. SCHIFFMANN, Über die Chlorogensäure und ihre physiologische Wirkung, Medizinisch-Literarischer Verlag, Hamburg *1959*
[100] JOAO R. PUCCI, Rev. mens. Ind. brasil. *21,* 44 (1953)
[101] K. SCHÜBEL, Arch. exp. Path. u. Pharmakol. *1938,* 110
[102] H. SABALITSCHKA u. E. PILGER, Scientia Pharmac. *10,* 128 (1939)
[103] H. GEBHARDT, Arch. exp. Path. u. Pharmakol. *1938,* 191
[104] JOAO R. PUCCI, Rev. mens. Ind. brasil. *21,* 44 (1953)
[105] Food Technol. *10,* 194 (1956)
[106] J. Chromatographie (Amsterdam) *4,* 396 (1960)
[107] Mitt. Gebiete Lebensm. Unters. Hyg. *51,* 266 (1960)

1. Dünnschicht-Trennung der Kaffee-Lipoide

Zum Nachweis der verschiedenen Lipoid-Stoffklassen leistete die Dünnschicht-Chromatographie gute Dienste. H. P. KAUFMANN und Z. MAKUS[108] zeigten, daß sie sich auf der nicht imprägnierten Kieselgel-Platte trennen lassen. Das gleiche Ergebnis erzielte ich bei der Untersuchung der Gesamtlipoide der Kaffee-Bohnen. Als Fließmittel diente ein Gemisch von Benzol-Äther (95 : 5). Die Platte war mit Kieselgel G (Fa. Merck) beschichtet worden. Auf dem Startpunkt A (Abb. 25) trug man ~ 50 γ einer 1⁰/₀igen benzolischen Lösung von »Kaffeeöl« auf, zum Vergleich die Eluate aus der Säulen-Chromatographie des Kaffeeöles (siehe S. 24). Nach Entwicklung mit Benzol-Äther (95 : 5) bis zu einer Steighöhe von ~ 12 cm wurde das Fließmittel entfernt und mit einer 10⁰/₀igen Lösung von Phosphormolybdänsäure in Äthanol angefärbt. Der Fleck der Diterpen-Ester erschien schon bei Zimmertemperatur mit brauner Färbung. Die Platte wurde zur Sichtbarmachung der anderen Lipoide etwa 15 Minuten auf 100° C erhitzt. Wie Abb. 25 zeigt, sind die R_f-Werte der Kaffee-Lipoide sehr verschieden.
Nunmehr wurde das Dünnschicht-Verfahren auch zum Nachweis der verschiedenen Lipoide des Kaffee-Aufgusses herangezogen.

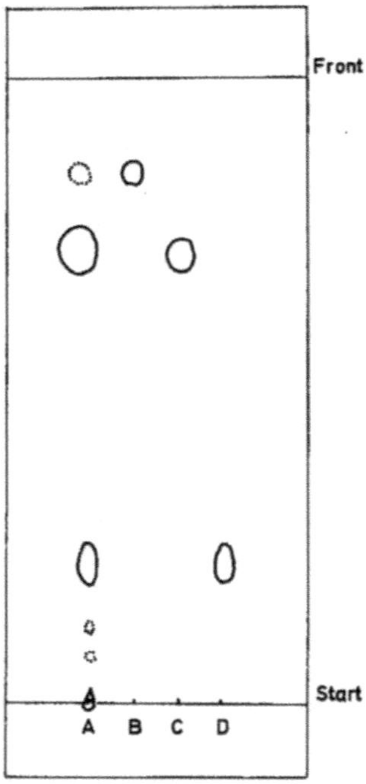

Abb. 25
Dünnschicht-Trennung der Kaffee-Lipoide
A Kaffeeöl ~ 50 γ
B Phytosterin-Ester
C Triglyceride
D Diterpen-Fettsäureester
(B–D: je ~ 10 γ)

2. Dünnschichtchromatographischer Nachweis der Lipoide im Kaffee-Aufguß

50 g gerösteter und gemahlener Kaffee wurden 15 Min. mit 1 l Wasser aufgekocht. Nach Filtration und Abkühlung säuerte man zur Vermeidung von Schaumbildung leicht an, extrahierte erschöpfend mit Äther, wusch die Äther-Lösung mit Wasser, trocknete über Natriumsulfat und dampfte das Lösungsmittel ab. Der Rückstand wurde in wenig Benzol-Methanol (1 : 1) aufgenommen und dünnschichtchromatographisch wie beschrieben untersucht. In die Lösung übergegangene karamel-

[108] Fette-Seifen-Anstrichmittel *62*, 1014 (1960)

artige, braune Stoffe blieben am Startpunkt, während die Lipoid-Bestandteile wanderten. Wie Abb. 26 zeigt, sind im Kaffee-Aufguß Phytosterin-Ester, Triglyceride und Diterpen-Ester nachgewiesen.

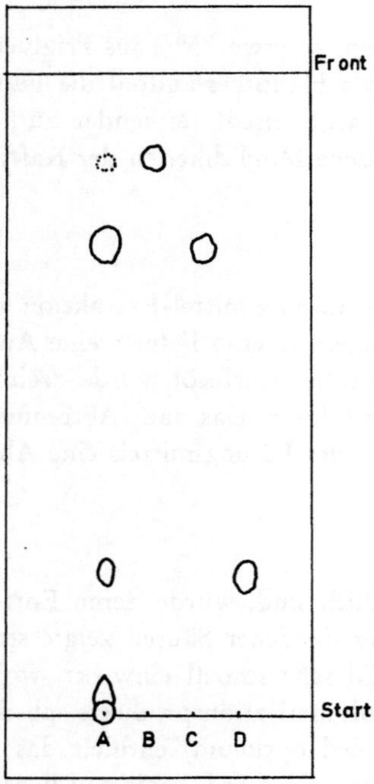

Abb. 26
Dünnschichtchromatographischer Nachweis der Lipoide im Kaffee-Aufguß
A Äther-Extrakt ~ 80 γ
B Phytosterin-Ester (je ~ 10 γ)
C Triglyceride (je ~ 10 γ)
D Diterpen-Fettsäureester (je ~ 10 γ)

Um die Mengenverhältnisse der Lipoide im Kaffee-Aufguß festzustellen, wurden nachstehende Versuche unternommen.

Ein Kaffee-Aufguß wurde aus jeweils 50 g geröstetem, gemahlenem Santos-Kaffee und 1 l siedendem Wasser hergestellt. Einmal wurde siedendes Wasser durch gemahlenen Kaffee filtriert und zum anderen wurde 15 Minuten aufgekocht und abfiltriert. Die so hergestellten Kaffee-Auszüge wurden abgekühlt, nach leichtem Ansäuern mit Äther extrahiert, worauf man die ätherische Lösung mit Wasser wusch, über Na_2SO_4 trocknete und den Äther abdampfte. Der Rückstand wurde in Äther-Petroläther (50 : 50) aufgenommen und auf eine Kieselgel-Säule (40 g Kieselgel, Fa. Merck, Korngröße 0,2 bis 0,5 mm) gegeben. Die Lipoid-Bestandteile konnten mit Äther-Petroläther (50:50) eluiert werden, während die karamelartigen Stoffe auf der Säule blieben. Der Lipoid-Rückstand des Eluats wurde nach Abdampfen des Lösungsmittels gewogen. Folgende Tabelle zeigt den Lipoid-Gehalt der Kaffee-Auszüge.

Tab. 15 Lipoid-Gehalt der Kaffee-Aufgüsse

Art der Getränke-Herstellung	Gesamt-Äther-Extrakt	Lipoid-Anteil	Gesamt-Lipoid in einer Tasse Kaffee (150 ml)
sofort filtriert	0,1208 g	0,0078 g	1,17 mg
15 Min. aufgekocht	0,1581 g	0,0146 g	2,17 mg

Aus diesen Versuchen ist zu erkennen, daß — wie erwartet — das Aufkochen des Kaffeepulvers mit heißem Wasser ein stärkeres Herauslösen der Gesamt-Lipoide zur Folge hat.

V. Technologische Fragen

1. Kaffeeöl als Speiseöl

Raffinationsversuche

Kaffeeöl besteht, wie die beschriebenen Versuche zeigten, zu etwa 75% aus Triglyceriden. Der Rest setzt sich aus Begleitstoffen zusammen, deren Hauptbestandteil die Fettsäure-Ester des Diterpens sind (etwa 18,5%). Um Kaffeeöl als Speiseöl verwenden zu können, müßten die Begleitstoffe abgetrennt werden. Verschiedene Möglichkeiten der Raffination wurden untersucht.

Lösungsmittel-Extraktion

Zunächst wurde versucht, die Begleitstoffe durch eine Lösungsmittel-Extraktion zu entfernen. Die Extraktion des Öles mit siedendem 90%igem Aceton lieferte eine Anreicherung der Begleitstoffe in dem Aceton-Extract. 500 g rohes Kaffeeöl wurde dreimal mit jeweils 500 ml 90%igem Aceton auf dem Wasserbad erhitzt. Das nach Abtrennung der Aceton-Phase erhaltene Öl zeigte nach dem Entfernen des Lösungsmittels eine Abnahme des Unverseifbaren von 11,8% auf 9,2%.

Säure-Raffination

Da die Begleitstoffe des Kaffeeöls sehr säureempfindlich sind, wurde deren Entfernung durch Säurebehandlung versucht. Bei Verwendung verschiedener Säuren zeigte sich, daß die p-Toluolsulfonsäure auf das in Aceton gelöste Öl sehr schnell einwirkt, wobei die Begleitstoffe sich in Form unlöslicher, dunkler Polymerisationsprodukte abscheiden. Durch gleichzeitige Verwendung von Bleicherde (Tonsil optimum) enthielt das mit p-Toluolsulfonsäure (0,1%) und Aceton auf dem Wasserbad 2 Std. erhitzte Öl nach Filtration noch 4,3% Unverseifbares. Außerdem färbte sich das Öl dabei dunkel.

Säulen-Raffination

Es wurde nunmehr die zur Trennung des Gesamtöles verwendete Säulen-Chromatographie herangezogen, die erstmals von H. P. Kaufmann zur Raffination benutzt wurde[109]. Das in Äther, Petroläther (10 : 90) gelöste Rohkaffeeöl wurde auf eine Kieselgel-Säule gegeben und anschließend mit demselben Lösungsmittel eluiert. Nach Abdestillieren des Lösungsmittels hinterblieb ein hellgelbliches, wohlschmeckendes Öl, während durch weitere Eluierung der Säule mit Äther-Petroläther eines anderen Mischungsverhältnisses (50 : 50) die Diterpen-Fettsäureester gewonnen wurden.

2. Die industrielle Verwertung des Kaffeeöles

a) Seifen

Zur Herstellung von Seifen ist das Kaffeeöl infolge seines hohen Linolsäure-Gehaltes (40%) ungeeignet. Dieser Nachteil kann durch katalytische Hydrierung des Öles beseitigt werden. Aussichtsreicher ist aber die Verwendung zur Herstellung von Anstrichmitteln. Im Hinblick auf diese Möglichkeit wurden die folgenden Versuche unternommen.

[109] Analyse der Fette und Fettprodukte, Springer-Verlag, Berlin/Göttingen/Heidelberg *1958*, Bd. I, S. 816

b) Verfilmungsversuche

Die Autoxydation der Kaffee-Lipoide und der Diterpen-Fettsäureester

Die Reaktionen, die sich während der Autoxydation[110]) von pflanzlichen sowie tierischen Lipoiden abspielen, sind so kompliziert, daß es trotz zahlreicher Untersuchungen nicht gelungen ist, sie restlos klarzustellen.

Hinsichtlich der Kennzahlen hat man folgende Feststellungen gemacht: Die Jodzahl sinkt ab, während die Polenske-Zahl anfangs rasch zunimmt, um dann wieder stark abzufallen, ohne den Nullwert wieder zu erreichen. Die OH-Zahl, die Viskosität und der Brechungsindex nehmen allmählich zu; die physikalischen Änderungen weisen auf Polymerisationsvorgänge hin. Oberflächlich gesehen besteht die Verfilmung aus folgenden Phasen:

I. Induktionsperiode: Keine Veränderungen
II. Antrocknung: Oberflächliche Vernetzung und Gel-Bildung
III. Durchtrocknung: Verfilmung durch weitergehende Vernetzung
IV. Alterung: Filmzersetzung durch äußere klimatische Faktoren

Bei diesen autoxydativen Vorgängen spielen die klimatischen Bedingungen, wie Temperatur, Feuchtigkeit und Licht, eine wichtige Rolle. Insbesondere das Licht hat folgende Wirkungen:

a) Dunkelheit: Langsame Härtung und Nachkleben infolge von Depolymerisationen; starke Vergilbung
b) Diffuses Licht: Langsame Härtung und relativ geringe Zersetzung und Vergilbung
c) Direktes Sonnenlicht: Ziemlich schnelle Härtung; Sprödlichkeit; schnelle Zersetzung der Filme; leichte Vergilbung
d) UV-Licht: Schnelle Härtung; Sprödigkeit; Oberflächen-Störungen; Kreiden (bei pigmentierten Anstrichen) usw.

In bezug auf den Chemismus der autoxydativen Polymerisation werden verschiedene Ansichten vertreten. Zunächst darf nicht übersehen werden, daß die Verhältnisse bei Isolen- und Konjuen-Fettsäuren bzw. ihren Glyceriden verschieden sind. H. P. Kaufmann[111] und W. Treibs[112] sind der Ansicht, daß die autoxydative Polymerisation der Isolen- sowie der Konjuensäuren bzw. ihrer Glyceride über Epoxyde bzw. Peroxyde zu Dioxanring-Systemen führt. W. Treibs[113] hat die Bildung von cyclischen 1,4-Peroxyden bewiesen. Nachdem E. H. Farmer[114] zum ersten Mal ein Hydroperoxyd aus der partiell oxydierten Ölsäure isolieren konnte, stellte er eine Radikalketten-Theorie auf[115]. Unter Übertragung der in der makromolekularen Chemie der Vinyl-Verbindungen erhaltenen Ergebnisse bestätigte W. Kern[116] diese Ansicht und schloß auch die Konjuensäuren ein. Seiner Theorie nach bilden sich zu Beginn der Polymerisation Hydroperoxyde bei Isolensäuren und bei Konjuensäuren cyclische Peroxyde. Nach Zersetzung der Hydroperoxyde bzw. Peroxyde durch Redox-Reaktionen mit den Reduktionsmitteln (Fettsäure-Estern) werden O-Radikale gebildet. Diese addieren sich an die Doppelbindung einer zweiten Fettsäure unter Ausbildung eines C-Radikals, das sich entweder weiter an eine der Doppelbindungen eines dritten Fettsäure-Moleküls anlagern (echte Polymerisation) oder durch Anlagerung eines Sauerstoffmoleküls ein O-Radikal bilden und die Kettenbildung wie vorher weiter fortsetzen kann. Die Verknüpfung der reaktionsfreudigen Konjuensäuren geschieht durch C-Radikale. Da die Isolensäuren reaktionsträger sind, findet die Kettenbildung überwiegend durch O-Radikale statt. Dagegen spricht nach W. Kern bei der Holzöl-Trocknung die langsame Aufnahme des molekularen Sauerstoffs für die C-Radikal-Polymerisation die schnelle Filmverfestigung. Es darf aber nicht übersehen werden, daß die ange-

110 Über die Autoxydation siehe: H. P. Kaufmann, Analyse der Fette und Fettprodukte, Springer-Verlag, Berlin *1958*, Bd. I, Seite 209—239
111 Fette u. Seifen *49*, 102 (1942)
112 Ber. dtsch. chem. Ges. *77*, 69 (1944); *75*, 1164 (1942)
113 Ber. dtsch. chem. Ges. *75*, 331 (1942); Fette-Seifen-Anstrichmittel *54*, 4 (1952)
114 E. H. Farmer u. D. A. Sutten, J. chem. Soc., London *1943*, 119, 541
115 Trans Faraday Soc. *42*, 244 (1946)
116 Farben, Lacke, Anstrichstoffe *4*, 242 (1950)

führten Theorien nur auf Grund von Versuchen mit einfachen Fettsäuren oder den Estern einwertiger Alkohole aufgestellt wurden. Bei trocknenden Ölen liegen die Verhältnisse anders. Die sterische Konfiguration der Konjuen-Fettsäuren sowie die Zusammensetzung der Lipoide, besonders im Hinblick auf die Lipoid-Begleitstoffe, spielen hier eine ausschlaggebende Rolle. H. P. KAUFMANN und H. H. THOMAS[117] haben neuerdings gefunden, daß Dioleo-α-elaeostearin und Oleo-di-α-elaeostearin keine echten Filme bilden, während sich das Tri-α-elaeostearin durch eine außerordentlich rasche Verfilmung auszeichnet. Im Gegensatz zu Tri-α-elaeostearin gibt Tri-β-elaeostearin keinen echten Film[118], obwohl der Unterschied zwischen beiden nur in der sterischen Konfiguration der 9-Doppelbindung der Elaeostearinsäure-Reste liegt.

Die Untersuchung der Autoxydation der Kaffee-Lipoide erschien wegen der eigenartigen Lipoid-Anteile, nämlich der Diterpen-Fettsäureester, von besonderem Interesse.
Zunächst wurden *IR-spektrographische Untersuchungen* mit dem Leitz-Spektralphotometer Modell 93 durchgeführt. 50 mg Lipoid wurden auf einer NaCl-Küvette gleichmäßig aufgetragen, wobei die Schichtdicke des Filmes etwa 0,01 bis 0,015 mm betrug. Das erste Spektrum wurde alsbald nach dem Auftragen aufgenommen. Die Küvette wurde horizontal in einem Exsikkator bei diffusem Licht und 20° C aufbewahrt und die seitliche Öffnung des Exsikkators zur dauernden Zuführung von Luft offengelassen. Die Messungen wurden anfangs je Stunde und später in größeren Zeitabständen solange durchgeführt, bis das Spektrum keine Veränderung mehr aufwies. Zur Untersuchung gelangten sowohl die Gesamt-Kaffee-Lipoide als auch die Diterpen-Fettsäureester-Fraktion, abgetrennt durch Säulen-Chromatographie.
Zur Beurteilung der während der Autoxydation eintretenden spektroskopischen Veränderungen ist es erforderlich, zunächst die Spektren der unveränderten Versuchssubstanzen zu kennen. In den Abb. 27 sind die IR-Spektren der Gesamt-Lipoide (a), der Triglyceride (b) und der Diterpen-Fettsäureester (c) wiedergegeben.
Die starken Banden bei 3,45 μ bzw. 3,53 μ werden von den C-H-Valenzschwingungen der $>CH_2$- bzw. $-CH_3$-Gruppen verursacht[119], während die bei 6,86 μ bzw. 7,3 μ erscheinenden Maxima den C-H-Knick-Schwingungen der $>CH_2$- bzw. $-CH_3$-Gruppen zugeordnet werden müssen[120, 121]. Die Bande bei 8,1 μ wird nach CONNOR und Mitarb.[120]) durch die C-H-Wagging- oder Rocking-Deformationsschwingungen der CH_2-Gruppen verursacht. Die Bande bei 3,35 μ ist der C-H-Valenzschwingung an der Doppelbindung[122], die Bande bei 5,78 μ den Valenzschwingungen der C=O-Gruppe in Estern[123] zugeordnet, während die starke Absorption bei 8,6 μ den Deformationsschwingungen in der C-O-C-Gruppierung entspricht[120, 121]). Die Aufspaltung der Bande bei ca. 9,0 μ wird den Valenzschwingungen der C-O-C- in Estern zugeschrieben[124-126]. Alle angegebenen Banden sind in den IR-Spektren der Gesamt-Kaffee-Lipoide, der Triglyceride und der Diterpen-Fettsäureester vorhanden.
Ein Blick auf die drei IR-Spektren zeigt, daß die schwachen Banden bei 2,9 μ bzw. 9,6 μ im IR-Spektrum (Abb. 27a) der Gesamtlipoide nicht zu den Triglyceriden gehören. Diese Banden fehlen im IR-Spektrum der Triglyceride (Abb. 27b), sie stammen also von

[117] Fette-Seifen-Anstrichmittel *51*, 211 (1959)
[118] K. K. PURI, Diss. Münster *1955*
[119] R. T. O'CONNOR, J. Amer. Oil Chemist's Soc. *33*, 1 (1956)
[120] R. T. O'CONNOR, E. F. DUPRE und R. O. FEUGE, J. Amer. Oil chem. Soc. *32*, 88 (1955)
[121] O. D. SCHREVE, M. R. HEETHER, Analytic. Chem. *22*, 1261 (1950)
[122] R. G. SINCLAIR, A. F. MCKAY und R. M. JOHES, J. Amer. chem. Soc. *74*, 2578 (1952)
[123] R. G. SINCLAIR, A. F. MCKAY und R. M. JOHES, J. Amer. chem. Soc. *74*, 2570 (1952)
[124] R. B. BARNES, R. C. GORE, R. W. STAFFORD und W. Z. WILLIAMS, Analytic. Chem. *20*, 402 (1948); N. B. LOLDHUP, J. Opt. Soc. America *40*, 397 (1950)
[125] J. H. MAHAN, J. Ass. off. Agric. Chem. *41*, 457 (1958)
[126] R. T. O'CONNOR, J. Amer. Oil chemists Soc. *33*, 1 (1956)

den Diterpen-Fettsäureestern (Abb. 27c). Die Bande bei 2,9 μ wird den Valenzschwingungen der durch Wasserstoff-Brückenbindungen assoziierten OH-Gruppe zugeschrieben. Sie ist demnach auf die freie tertiäre OH-Gruppe im Cafestol- bzw. Kahweol-Fettsäuremonoester zurückzuführen. Sie ist sehr deutlich im IR-Spektrum der Diterpen-Fettsäuremonoester zu erkennen. Die Banden bei 9,6 μ, 9,9 μ, 10,25 μ, 10,8 μ, 11,13 μ und 11,45 μ im Spektrum der Diterpen-Fettsäuremonoester (Abb. 27c) stammen vom Cafestol- bzw. Kahweol-Gerüst (siehe Abb. 7). Die starke breite Bande bei 14 μ ist nur im IR-Spektrum des rohen, also Kahweol enthaltenden Cafestol vorhanden.
Die IR-spektroskopischen Veränderungen bei der Autoxydation des Gesamt-Kaffee-Lipoids in Abhängigkeit von der Zeit sind in den folgenden Abbildungen wiedergegeben.

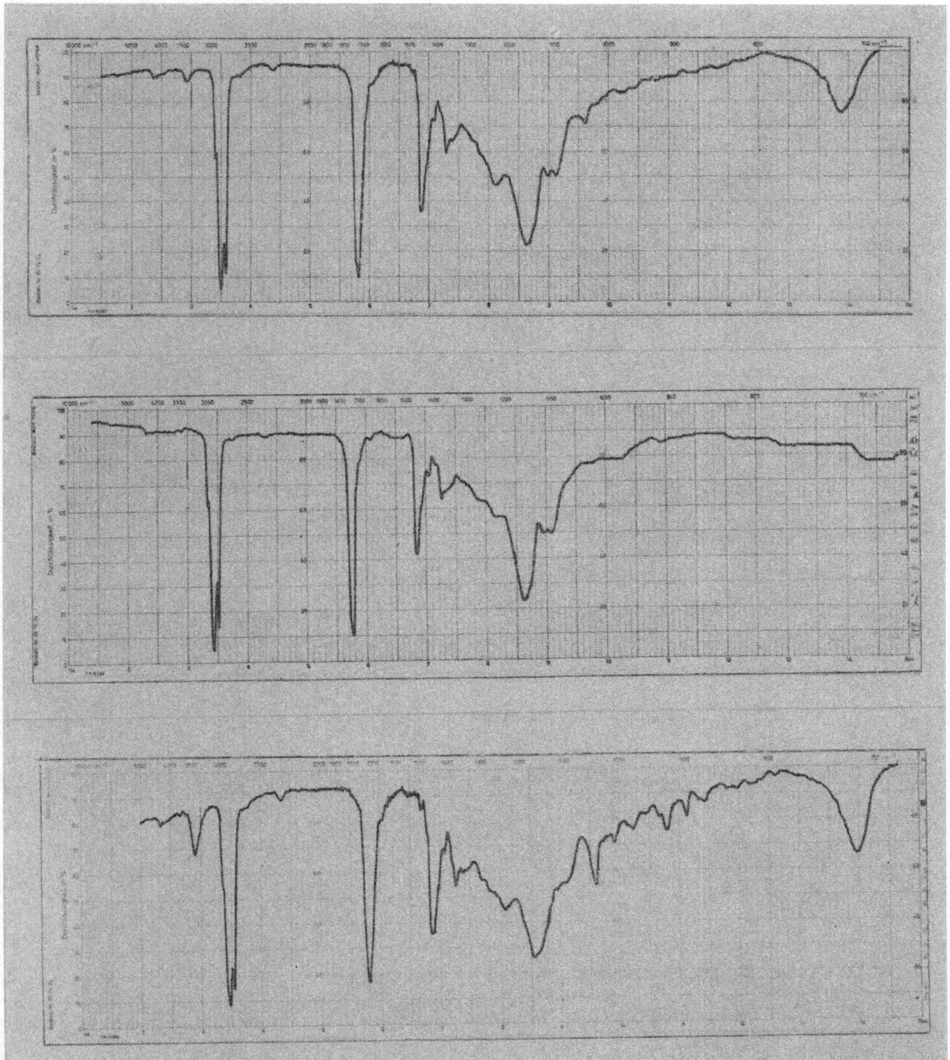

Abb. 27 IR-Spektren von a) Gesamt-Lipoide; b) Triglyceride; c) Diterpen-Fettsäureester

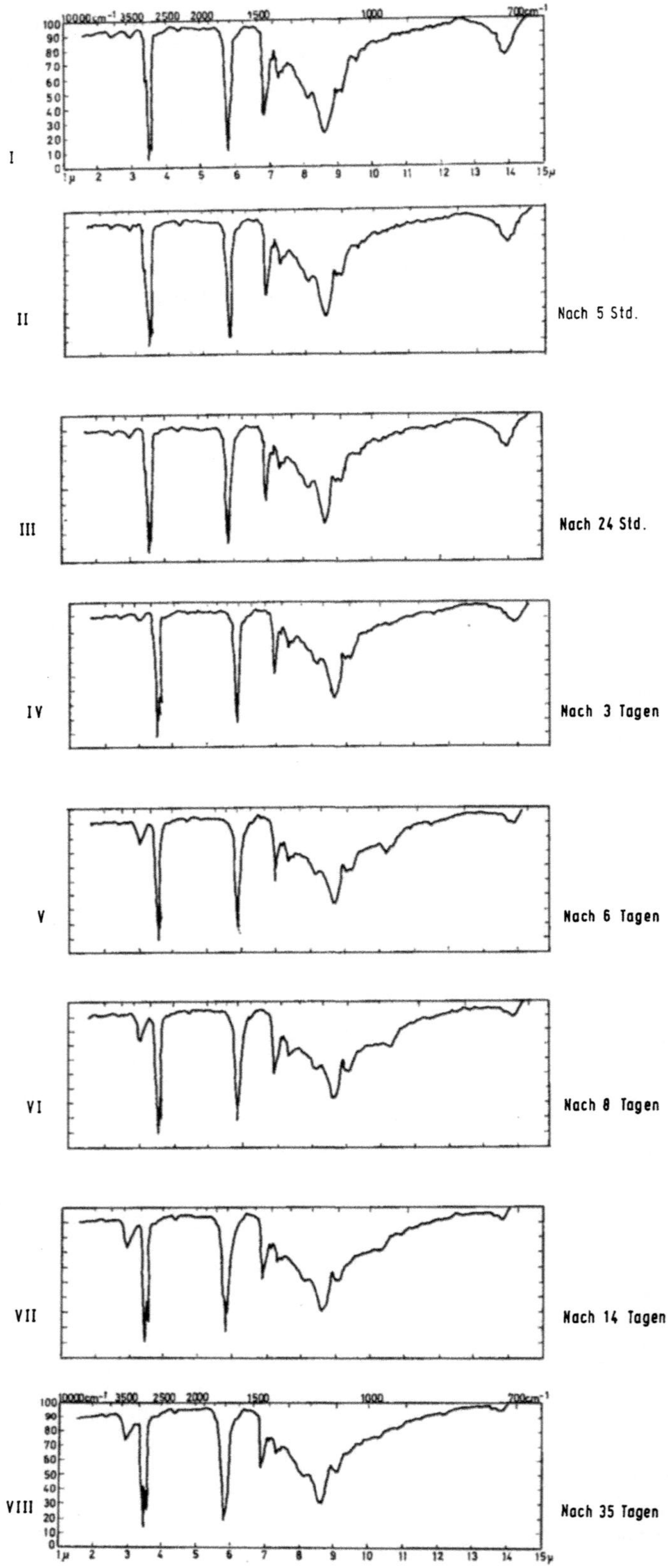
10000cm⁻¹ 3500 2500 2000 1500 1000 700cm⁻¹
100 90 80 70 60 50 40 30 20 10 0
1μ 2 3 4 5 6 7 8 9 10 11 12 13 14 15μ
I
II
Nach 5 Std.
III
Nach 24 Std.
IV
Nach 3 Tagen
V
Nach 6 Tagen
VI
Nach 8 Tagen
VII
Nach 14 Tagen
VIII
Nach 35 Tagen

Abb. 28

Gesamt-Lipoide (Abb. 28)

Kurve I: Ursprüngliche Gesamt-Lipoide. Nach 5 Std. *Kurve II:* Die ersten Autoxydations-Vorgänge sind bereits erkennbar. Die Bande bei 9,6 μ, die auf die Diterpene zurückzuführen ist, hat etwas abgenommen, jedoch zeigt die OH-Bande bei 2,9 μ keine sichtbare Änderung. Nach 24 Std. *Kurve III:* Die Bande bei 9,6 μ hat weiter abgenommen; die CH-Valenzschwingung der Äthylen-Bande bei 3,35 μ zeigt eine beginnende Abnahme. Die Bande bei 2,9 μ ist noch unverändert, was darauf hindeutet, daß keine neuen OH-Gruppen aufgetreten sind.

Nach 3 Tagen *Kurve IV:* Die Bande bei 9,6 μ ist völlig verschwunden; die OH-Bande bei 2,9 μ zeigt eine kleine Verstärkung; die C=O-Bande zwischen 5,5 μ und 6,3 μ hat sich verbreitert.

Nach 6 Tagen *Kurve V:* Die OH-Bande bei 2,9 μ hat deutlich zugenommen und sich verbreitert, während die C-H-Valenzschwingung der Äthylen-Bande bei 3,35 μ nur noch als Schulter erkennbar ist. Eine deutliche Bande bei 10,15 μ und eine Schulter bei 10,3 μ sind neu erschienen. Die breite Bande bei 14 μ, wahrscheinlich durch Kahweol bedingt, hat stark abgenommen.

Nach 8 Tagen *Kurve VI:* Die OH-Bande hat sich weiter verstärkt, während die C-H-Valenzschwingung der Äthylen-Bande bei 3,35 μ nicht mehr erkennbar ist, auch die Aufspaltung der Bande bei 9 μ ist kaum noch zu erkennen; die neue Schulter bei 10,3 μ hat zugenommen und überlappt sich mit der neuen Bande bei 10,15 μ, die 14 μ Bande hat weiter abgenommen.

Nach 14 Tagen *Kurve VII:* Die OH-Absorption bleibt fest unverändert; die Absorption zwischen 5,5 μ bis 6,3 μ ist weiter verbreitert; die neu aufgetretenen Banden bei 10,15 μ und 10,3 μ haben abgenommen. Dies deutet darauf hin, daß die Autoxydation eine Zwischenstufe durchläuft; die Absorption bei 14 μ hat weiter abgenommen.

Nach 35 Tagen *Kurve VIII:* Das Spektrum ist im wesentlichen unverändert geblieben. In Tab. 16 sind die Absorptionen der verschiedenen Banden in Prozenten wiedergegeben. Es ist interessant, daß während die C-H-Valenzschwingung der Äthylen-Bande bei 3,35 μ und auch die Banden bei 9,6 μ bzw. 14 μ in den ersten 3 Tagen eine beträchtliche Abnahme aufweisen, die OH-Bande bei 2,9 μ nur eine sehr geringe Zunahme von 12 bis 15% zeigt. Danach erfährt die OH-Bande eine rasche Zunahme, um in 8 Tagen ein Maximum zu erreichen. Nach 6 Tagen ist noch eine Schulter bei 3,35 μ und keine Bande bei 9,6μ vorhanden, aber es tritt bei 10,15 μ eine neue Absorptionsbande auf; sie nimmt langsam wieder ab, um schließlich zu verschwinden. Die Bande bei 14 μ nimmt gleichmäßig ab. Die beobachteten Veränderungen bei 9,6 μ, 10,15 μ bzw. 14 μ sind nicht durch die Triglycerid-Autoxydation bedingt, sondern sie werden durch die Verfilmung der Diterpen-Ester verursacht. Um die Verfilmungsvorgänge der Diterpen-Ester genauer zu studieren, wurden die durch die Säulen-Chromatographie gewonnenen Diterpen-Fettsäuremonoester der Kaffee-Lipoide untersucht.

Diterpen-Fettsäuremonoester

Die IR-spektrographischen Veränderungen der Diterpen-Fettsäuremonoester des Kaffeeöles bei der Autoxydation in Abhängigkeit von der Zeit sind in Abb. 29 wiedergegeben. Folgende Veränderungen sind erkennbar:

Kurve I: Ursprüngliche Diterpen-Fettsäuremonoester

Nach 6 Std. *Kurve II:* Während die schon existierenden Banden praktisch unverändert bleiben, ist bei 6 μ ein deutlich erkennbarer Knick erschienen.

Nach 24 Std. *Kurve III:* Der Knick bei 6 μ hat stark zugenommen, eine Schulter bei 5,65 μ wird erkennbar. Die OH-Bande bei 2,9 μ hat gleichfalls zugenommen. Obwohl sämtliche Absorptionsbanden zwischen 9,5 μ und 14 μ eine Abnahme erlitten haben, wird

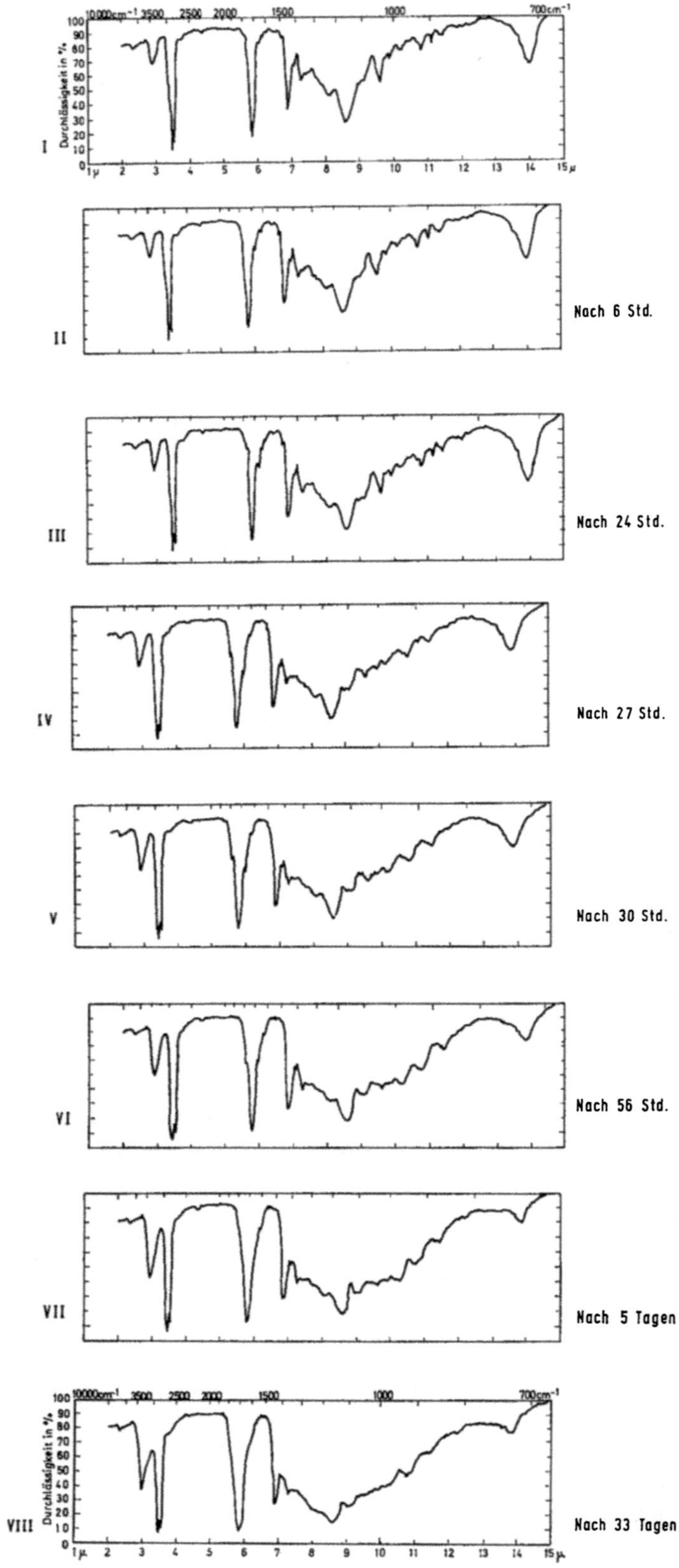

10000 cm⁻¹ 3500 2500 2000 1500 1000 700 cm⁻¹
Durchlässigkeit in %
100 90 80 70 60 50 40 30 20 10 0
1 μ 2 3 4 5 6 7 8 9 10 11 12 13 14 15 μ
I
II
Nach 6 Std.
III
Nach 24 Std.
IV
Nach 27 Std.
V
Nach 30 Std.
VI
Nach 56 Std.
VII
Nach 5 Tagen
VIII
Nach 33 Tagen

Abb. 29

Tab. 16 Die Absorption (in %) der verschiedenen Banden im IR-Spektrum der Gesamtlipoide in Abhängigkeit von der Verfilmungszeit

Zeit	2,9 μ	3,35 μ	3,45 μ	3,55 μ	5,78 μ	6,86 μ	7,3 μ	8,1 μ	8,6 μ	9 μ	9,15 μ	9,6 μ	10,15 μ	14 μ
0'	12	43	95	88	90	64	40	54	78	50	50	29	–	25
5 Std.	12	41	95	88	90	61	39	50	75	47	47	28	–	24
24 Std.	14	39	94	87	89	59	37	49	74	45	45	27	–	22
3 Tage	15	32	94	85	86	54	34	45	68	44	44	17	–	14
6 Tage	25	S	92	82	83	52	34	45	66	44	44	–	31	12
8 Tage	27	–	92	82	83	51	34	47	66	48	47	–	31	11
14 Tage	27	–	90	78	83	49	34	49	68	49	48	–	29	8
35 Tage	27	–	88	75	83	45	34	50	68	46	46	–	–	5

S = Schulter
– = Die Bande ist nicht mehr vorhanden

wegen der allgemeinen Verminderung der Durchlässigkeit in diesem Gebiet eine Zunahme vorgetäuscht. Nach 27 Std. *Kurve IV:* Eine rasche Veränderung ist erkennbar. Die Bande bei 6 μ sowie die Schulter bei 5,65 μ haben stark zugenommen. Sämtliche Banden zwischen 9,5 μ und 14 μ haben abgenommen. Die OH-Bande bei 2,9 μ hat weiter zugenommen. Die C-H-Valenzschwingung der Äthylen-Bande bei 3,35 μ, welche nur als eine Schulter erkennbar war, ist kaum noch zu sehen.

Nach 30 Std. *Kurve V:* Während die OH-Bande bei 2,9 μ sich weiter verstärkt hat, scheint die Bande bei 6 μ abzunehmen. Die Bande bei 5,65 μ hat weiter zugenommen. Sämtliche Banden zwischen 9,5 μ und 14 μ haben abgenommen, während die allgemeine Absorption in diesem Gebiet weiter zunimmt. Nach 56 Std. *Kurve VI:* Die Zunahme der OH-Bande schreitet fort, während die Bande bei 6 μ sich deutlich verringert hat. Die Bande bei 5,65 μ ist aber wegen der Verbreiterung der Absorption zwischen 5,5 μ bis 6 μ nicht mehr festzustellen. Die bisher allgemein abnehmende Tendenz sämtlicher Banden zwischen 9,5 μ und 14 μ hat sich geändert, da die Bande bei 10,3 μ eine deutliche Zunahme im Vergleich zu anderen Banden in diesem Gebiet zeigt.

Nach 5 Tagen *Kurve VII:* Die OH-Bande nimmt weiter zu, während das Gebiet der Carbonyl-Absorption zwischen 5,65 μ und 6 μ sich weiter verbreitert hat. Die Zunahme der Bande bei 10,3 μ ist deutlich zu erkennen.

Nach 33 Tagen *Kurve VIII:* Inzwischen ist die Bande bei 10,3 μ nicht mehr nachweisbar. Die allgemeine Durchlässigkeit hat weiter abgenommen. Weitere Messungen haben keine wesentlichen Veränderungen gezeigt.

In Tab. 17 sind die Absorptionen (in %) verschiedener Banden in Abhängigkeit von der Zeit zusammengefaßt.

Die oxydative Verfilmung der Diterpen-Fettsäure-monoester schreitet also mit der Bildung einer Absorptionsbande bei 5,65 μ fort. Diese Bande ist als γ-Lacton-Bande[127] anzusprechen. Es ist also zu vermuten, daß bei der Autoxydation der Diterpen-Fettsäure-monoester die Lacton-Bildung eine gewisse Rolle spielt. Wahrscheinlich tritt sie durch den Angriff des Sauerstoffs an dem Furan-Ring ein.

Ein weiterer Verfilmungsvorgang ist durch die transitorische Bildung einer Bande bei 6 μ charakterisiert, die möglicherweise auf ein α, β-ungesättigtes Keton zurückzuführen ist[127]). Diese Veränderungen des Spektrums sind in Abb. 30 deutlich zu erkennen.

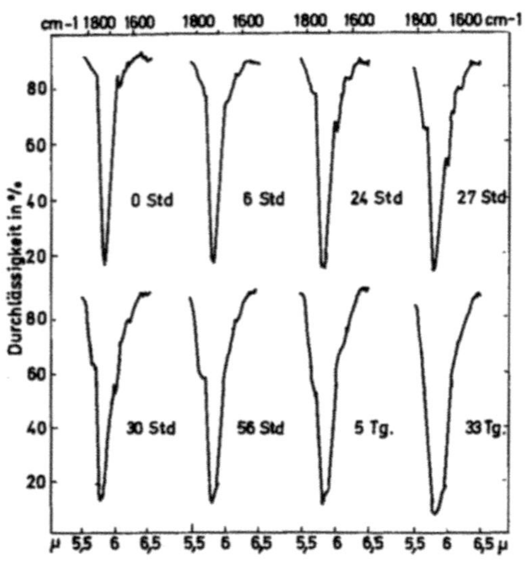

Abb. 30

[127] R. T. O'Connor, J. Amer. Oil Chemist's Soc. *33,* 1 (1956)

Tab. 17 Die Absorptionen (in %) verschiedener Absorptionsbanden im IR-Spektrum der Diterpen-Fettsäuremonoester der Kaffee-Lipoide in Abhängigkeit von der Zeit

Zeit	2,9 µ	3,45 µ	3,55 µ	5,65 µ	5,8 µ	6 µ	6,9 µ	7,25 µ	8,1 µ	8,55 µ	9,6 µ	9,9 µ	10,3 µ	10,8 µ	11,15 µ	11,45 µ	14 µ
0 '	32	92	85	—	83	—	64	45	55	74	46	29	24	25	19	14	34
6 Std.	34	92	86	—	83	28	65	48	57	74	48	33	28	29	22	18	37
24 Std.	37	93	88	22	86	36	70	53	63	79	54	42	36	35	29	26	45
27 Std.	42	95	88	34	86	48	70	55	64	79	51	45	42	37	27	27	33
30 Std.	45	94	89	38	87	46	71	56	65	80	54	48	47	40	—	30	30
56 Std.	50	95	89	42	89	40	72	60	68	81	59	—	56	46	—	32	26
5 Tage	58	94	88	—	88	—	71	61	69	81	—	—	60	48	—	33	20
33 Tage	63	95	89	—	92	—	73	66	—	80	—	—	—	53	—	36	20

c) Mit Kaffeeöl modifizierte Alkydharze

Schon im Jahre 1847 berichtete J. BERZELIUS [128], daß die Reaktion zwischen Glycerin und Weinsäure zur Bildung einer harzartigen Masse führt. Dieser Beobachtung folgte die Untersuchung der Wirkung des Glycerins auf Sebazinsäure [129], auf Bernsteinsäure [130], auf Zitronensäure und auf Phthalsäure[131]. Zur technischen Anwendung dieser Polymeren kam es jedoch erst nach dem ersten Weltkrieg, nachdem die großtechnische Herstellung des Phthalsäureanhydrids durch die katalytische Oxydation des Naphthalins entdeckt worden war. R. H. KIENLE nannte diese Polykondensations-Produkte »Alkyde« und führte mit A. G. HOVEY die ersten systematischen Untersuchungen der Reaktionen durch[132, 133]. Eine praktische Bedeutung als Bindemittel für Lacke erlangten diese Harze jedoch erst, als man durch Einverleibung von trockenen Ölen bzw. ungesättigten Fettsäuren halbfeste Produkte erhielt[133], die in den üblichen Lacksolventien löslich waren und nach Trocknung an der Luft Filme lieferten, die den Öl- und anderen Lackfilmen überlegen waren. Heute ist die Entwicklung der Alkydharze schon so weit fortgeschritten, daß ein beträchtlicher Anteil natürlicher Öle auf diese Lackrohstoffe verarbeitet wird. Im Schrifttum findet man Angaben sowohl über die Rolle, die die polybasischen Säuren als auch die mehrwertigen Alkohole dabei spielen[134].

Der Einfluß von bestimmten, in natürlichem Öl vorhandenen Begleitstoffen auf die Eigenschaften der Alkydharze ist relativ wenig erforscht worden. Daher wurden aus Kaffeeöl allein als auch aus Gemischen desselben mit Holzöl und Leinöl in verschiedenem Mischungsverhältnis Alkydharze hergestellt. Der Öl-Gehalt betrug in allen Fällen 59%. In Tab. 18 sind die Kennzahlen und die Fettsäure-Zusammensetzung der untersuchten Öle wiedergegeben.

Tab. 18 Kennzahlen und Fettsäure-Zusammensetzung von Kaffeeöl, Holzöl und Leinöl

	Kaffeeöl	Holzöl	Leinöl
1) JZ oder HJZ	94,4	299,2	181,5
2) Verseifungszahl	182,5	189,9	191,2
3) Fettsäure-Zusammensetzung			
α-Elaeostearinsäure	–	80	–
Linolensäure	–	–	50
Linolsäure	39	8,8	16
Ölsäure	17,2	5,0	26
Gesättigte Fettsäuren	43,5	6	10

Alkydharz-Herstellung

Die Mengen der zur Umsetzung gebrachten Ausgangsstoffe sind aus Tab. 19 ersichtlich. Das Öl wurde zuerst einer Glycerinolyse unter Verwendung von PbO als Katalysator unterworfen. Die freien OH-Gruppen der gebildeten Mono- und Diglyceride wurden dann mit mehrbasischen Säuren verschlossen.

128 Rapport Annal. *1847*, 269
129 M. M. BERTHELOT, C. R. Acad. Sci. Paris *37*, 398 (1853)
130 J. M. VAN BEMMELEN, J. prakt. Chem. (1) *69*, 84 (1856)
131 W. SMITH, J. Soc. chem. Ind. *20*, 1075 (1901)
132 R. H. KIENLE und A. G. HOVEY, J. Amer. chem. Soc. *51*, 509 (1929)
133 R. H. KIENLE und A. G. HOVEY, J. Amer. chem. Soc. *52*, 3636 (1930)
134 Siehe W. H. CHATFIELD, Paint and Varnish Manufacture, George Newnes Ltd., London *1955*; R. HOUWINK, Chemie und Technologie der Kunststoffe, II. Acad. Chemie, Verlagsgesellschaft, Leipzig *1956*

Tab. 19 Zusammensetzung der Alkydharze

Nr.	Kaffeeöl g	Leinöl g	Holzöl g	Glycerin g	PbO g	Phthalsäure-anhydrid g	Öl-Gehalt im fertigen Harz (%)
I	100	–	–	22	0,1	49	59
II	–	100	–	22	0,1	49	59
III	–	–	100	22	0,1	49	59
IV	70	30	–	22	0,1	49	59
V	50	50	–	22	0,1	49	59
VI	30	70	–	22	0,1	49	59
VII	70	–	30	22	0,1	49	59
VIII	50	–	50	22	0,1	49	59
IX	30	–	70	22	0,1	49	59

Tab. 20 Physikalische Eigenschaften und Säurezahlen der Alkydharze

Probe	Zusammensetzung	Dichte von verd. Proben	Viskosität von verd. Proben (CP)	Brechungsindex von		Farbzahl von verd. Proben	Säurezahl von unverd. Proben
				unverd. Proben	verd. Proben		
I	K.öl (100)	1,035	3715	1,5107	1,5085	~28	4,52
II	L.öl (100)	1,036	1716	1,5148	1,5122	16	5,35
III	H.öl (100)	1,016	1808	1,5359	1,5251	12	17,2
IV	K.öl-L.öl (70:30)	1,034	2622	1,5128	1,5102	~26	10,57
V	K.öl-L.öl (50:50)	1,036	2880	1,5142	1,5124	18	13,25
VI	K.öl-L.öl (30:70)	1,032	1606	1,5146	1,5118	17	7,22
VII	K.öl-H.öl (70:30)	1,024	2636	1,5175	1,5140	~28	8,35
VIII	K.öl-H.öl (50:50)	1,016	2364	1,5231	1,5158	16	16,1
IX	K.öl-H.öl (30:70)	1,018	2483	1,5287	1,5203	16	10,09

In der von H. Müller[135] angegebenen Apparatur erhitzte man 100 g Öl und 22 g Glycerin mit 0,1 g PbO und 30 ml Xylol bei 220° C 2 Std. unter einem schwachen Stickstoffstrom. Das zugesetzte Xylol erlaubt es, die Temperatur während der Glycerinolyse und der Veresterung konstant zu halten. Es beschleunigt weiter die Veresterung, da sich das abgespaltene Wasser als azeotropes Gemisch abdestillieren läßt. Im Falle der mit Holzöl kombinierten Alkydharze wurden die Glycerinolyse bzw. die Veresterung bei tieferen Temperaturen (180 bis 190° C) durchgeführt, um eine Polymerisation des Konjuenöls zu vermeiden. Das Fortschreiten der Glycerinolyse konnte man auf Grund der Löslichkeit des Produktes in Äthanol verfolgen. Einige Tropfen des Reaktionsproduktes wurden mit etwa 1 ml Äthanol in einem Reagenzglas geschüttelt. Die Entstehung einer klaren Lösung ist der Hinweis auf vollständige Glycerinolyse. Nach der Glycerinolyse senkte man die Temperatur bis auf etwa 150° C und gab 49 g Phthalsäureanhydrid hinzu. Bei erneuter Erwärmung begann die Veresterung sofort und war in 3 bis 4 Std. vollständig. Das entstandene Alkydharz wurde bis zu 8 Std. weiter erhitzt, um die gewünschte Fadenzug-Probe zu erreichen. Für diese Probe nimmt man eine kleine Menge Alkydharz mit Hilfe eines Glasstabes heraus und läßt auf einer Glasplatte abkühlen. Beim Hochheben des Glasstabes wird bei „reifem" Zustand des Alkydharzes ein Faden von 60 bis 100 cm Länge gezogen. Die mit Holzöl modifizierten Alkydharze zeigten eine bessere Fadenzug-Probe als die mit Leinöl hergestellten. Anschließend wurde der Kühler entfernt und der Stickstoffstrom verstärkt, um das Xylol und das nicht umgesetzte Anhydrid zu entfernen.

Physikalische Eigenschaften

Die so gewonnenen Alkydharze wurden jeweils in soviel Testbenzin gelöst, daß eine für die Untersuchung der lacktechnischen Eigenschaften günstige Viskosität entstand. Tab. 20 gibt die physikalischen Eigenschaften der hergestellten Alkydharze wieder. Wie aus der Tabelle hervorgeht, zeigen die mit Kaffeeöl modifizierten Alkydharze eine höhere Farbzahl. Die Kaffeeöl-Alkydharze besaßen eine rötliche Farbe, die auf Umsetzungsprodukte zwischen den Diterpen-Estern und Phthalsäureanhydrid zurückzuführen ist.

Lacktechnische Eigenschaften

Für die Untersuchung der Film-Eigenschaften eines Bindemittels ist es notwendig, einen gleichmäßigen und glatten Film zu erhalten. Von den hergestellten Alkydharzen bildeten nur die aus reinem Holzöl Runzeln, während die anderen eine glatte Film-Oberfläche zeigten. Verschiedene Versuche zeigten, daß das Kaffeeöl-Alkydharz eine etwas höhere Sikkativierung verlangt als die übrigen Alkydharze, um eine günstige Trockenzeit und gute Film-Eigenschaften aufzuweisen. Um aber vergleichbarere Werte zu erhalten, wurden die Proben gleichmäßig sikkativiert. Abb. 31 gibt die Trocknungszeiten verschiedener Proben wieder.

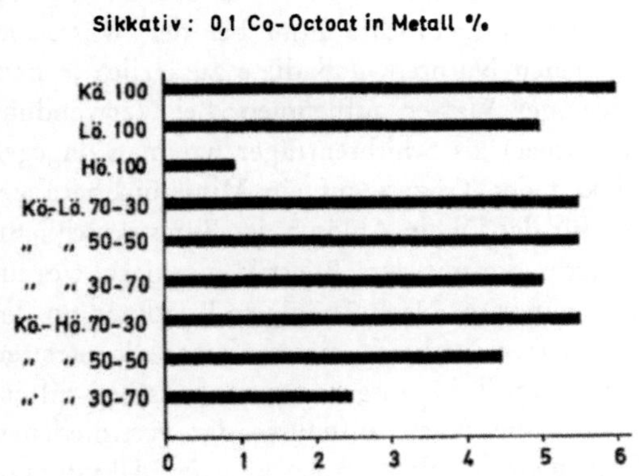

Abb. 31
Trockenzeiten (staubtrocken)

[135] Fette – Seifen – Anstrichmittel *58*, 839 (1956)

Die mit 100% Kaffeeöl modifizierten Alkydharze zeigten, wie nach der niedrigen Jodzahl zu erwarten ist, eine längere Trockenzeit als die anderen Proben. Hier scheinen auch die im Kaffeeöl vorhandenen Diterpen-Ester die Trockenzeit zu beeinflussen. Im Gemisch mit Leinöl und besonders mit Holzöl trocknen sie aber gut. Dies war insbesondere bei dem mit Kaffee-Holzöl (30 : 70) modifizierten Alkydharz der Fall.

Die *Film-Härte* wurde mit dem Schaukelhärte-Prüfgerät nach ZEIDLER-HERZOG gemessen. Es benutzt das Prinzip der Schwingungs-Dämpfung zur Bestimmung relativer Härtegrade. Ein Schaukelgerät wird auf einer ebenen Glas-Platte auf die Schwingungszahl 100 eingestellt. Wendet man das so geeichte Gerät auf Lackfilme an, so liefert die dann erhaltene Schwingungszahl ein Maß für die Härte des Filmes.

Abb. 32 zeigt, daß sämtliche Alkydharze ihre maximale Schaukelhärte nach 2—3 Tagen erreichen. Reines Kaffeeöl-Alkydharz zeigt die niedrigste Schaukelhärte.

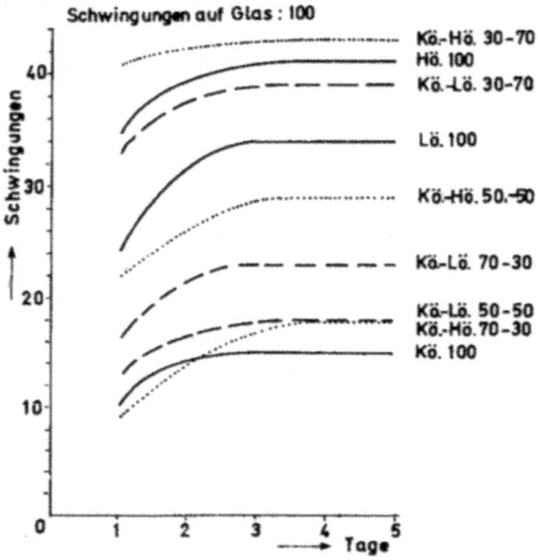

Abb. 32
Schaukelhärte

Zur Bestimmung der *Wasseraufnahmefähigkeit* wurde eine neue, von H. P. KAUFMANN und H. BRÜNING entwickelte Methode verwendet. Nach dieser wird anstelle von Holz- oder Glasplatten Papier als Träger angewandt. Bei Benutzung von Glas-Platten als Schichtträger besteht die Gefahr, daß sich der aufgebrachte Film bei der Wässerung ablöst. Holzplättchen als Schichtträger haben den Nachteil, daß diese zusätzlich je nach Art des aufgebrachten Films mehr oder weniger Wasser aufnehmen. Bei Verwendung eines genormten dünnen Papiers (Luftpost-Papier) als Schichtenträger hat man dagegen den Vorteil, daß die Wasseraufnahmefähigkeit des Trägers auf ein Minimum herabgedrückt ist und die Saugfähigkeit des Papiers für das Öl ein Ablösen des Films ausschließt. Auf dem Papier wurden 9 x 12 cm große Rechtecke mit dem Bleistift markiert, worauf man die sikkativierte Probe auf beide Seiten aufstrich. Nach 2-tägigem Trocknen an der Luft wurden das Papier in die vorher markierten Rechtecke zerschnitten, die Streifen dann bei Zimmertemperatur in Wasser gelegt, täglich herausgenommen, zwischen Filterpapier abgepreßt und gewogen. Abb. 33 zeigt die Wasseraufnahme der verschiedenen Alkydharze. Wie zu sehen ist, sind die Ergebnisse im allgemeinen günstig. Alkydharze aus reinem Kaffeeöl und Leinöl zeigen eine relativ hohe Wasseraufnahme, während alle kombinierten Alkydharz-Typen nur wenig Wasser aufnehmen.

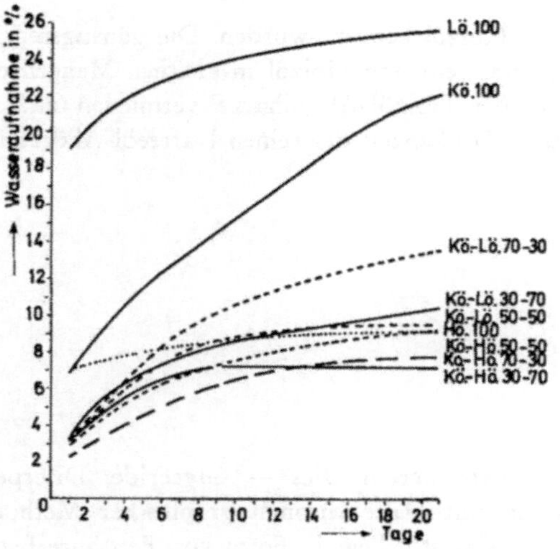

Abb. 33
Wasseraufnahme

Die *Film-Elastizität* wurde mit Hilfe des Erichsen-Tiefungsgerätes gemessen. Nach einmaligem Anstrich auf Metallplatten und 10-tägiger Lufttrocknung ließ man die Platten durch 5-tägiges Eintauchen in eine 3%ige NaCl-Lösung bzw. 4-tägiges Lagern bei 60° C altern. Abb. 34 zeigt die Erichsen-Tiefung verschiedener Alkydharz-Filme nach Wässerung und Alterung.

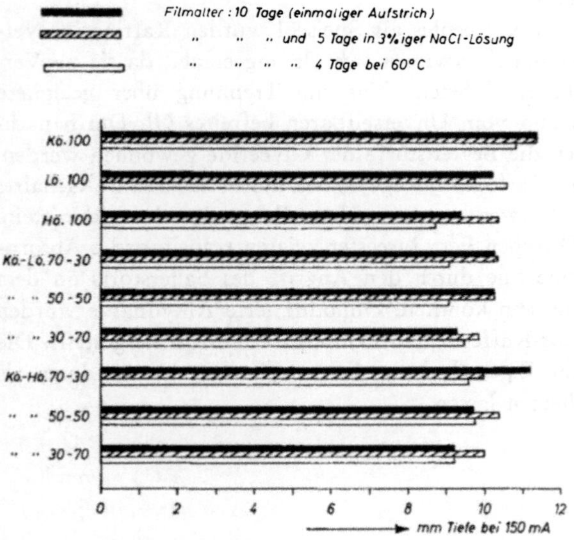

Abb. 34
Erichsentiefung (elektrolytisch)

Das mit Kaffeeöl hergestellte Alkydharz zeigt nach 10-tägigem Trocknen an der Luft sowie nach Alterung durch 5-tägiges Eintauchen in die 3%ige NaCl-Lösung bzw. 4-tägiges Lagern bei 60° C eine ebensogute Elastizität wie das mit Leinöl hergestellte Alkydharz. Auch die Proben, bei denen Kaffeeöl mit Leinöl bzw. Holzöl zusammen angewandt wurde, weisen eine höhere Elastizität auf. Bei den Kaffeeöl-Holzöl-Typen ist deutlich zu erkennen, daß die Elastizität der Filme mit steigendem Kaffeeöl-Anteil zunimmt.

Zusammenfassend läßt sich sagen, daß mit Kaffeeöl allein modifizierte Alkydharze wegen ihrer geringen Filmhärte lacktechnisch nicht befriedigen, im Gegensatz zu Alkydharzen, bei denen gleichzeitig Leinöl bzw. Holzöl benutzt wurden. Die günstigsten Ergebnisse erhielt man bei einer Probe, die Kaffeeöl und Holzöl in gleichen Mengen enthielt. Einerseits wird die Runzelbildung der Holzöl-Alkydharze vermieden und die Elastizität verbessert, andererseits die lange Trockenzeit der reinen Kaffeeöl-Alkydharze durch den Holzöl-Anteil verkürzt.

C. Zusammenfassung

Die Bestandteile des aus Kaffee-Bohnen extrahierten Öles — Glyceride, Diterpene, Phytosterine und Phosphatide — wurden mit Hilfe chromatographischer Methoden identifiziert und quantitativ bestimmt. Das Cafestol liegt in Form von Fettsäure-Estern vor, die zum Vergleich durch Synthese gewonnen wurden.
Es wurde gezeigt, daß die Lipoid-Veränderungen während des Röstens hauptsächlich die Diterpen-Fettsäureester betreffen. Ein Teil des Unverseifbaren geht in eine lipoidunlösliche Form über und es tritt eine hydrolytische Spaltung der Ester ein. Die pc-Bestimmung des Gehaltes an freien Diterpenen zeigt nach der Röstung eine erheblich größere Steigerung als der gefundenen Säurezahl der gebildeten freien Säuren entspricht. Die Lipoid-Bestandteile des Kaffeeöles konnten auch im Kaffee-Aufguß dünnschichtchromatographisch nachgewiesen werden.
Im Hinblick auf die Verwendung des Kaffeeöles als Speiseöl wurden Raffinationsversuche durchgeführt. Die üblichen Methoden erwiesen sich als ungeeignet, da sie zu Verfärbungen und zu großen Ölverlusten führten. Nur die Trennung über geeignete Absorptionssäulen liefert ein helles und vom Unverseifbaren befreites Öl. Durch nachträgliche Eluierung der Säule können die Begleitstoffe der Glyceride gewonnen werden. Zur Herstellung von Seifen ist das Kaffeeöl infolge seines hohen Linolsäure-Gehaltes ungeeignet. Aussichtsreicher ist die Verwendung zur Herstellung von Anstrichmitteln. Die autoxydative Verfilmung der Diterpen-Fettsäureester zeigten transitorische Absorptionsbanden im Gebiet der γ-Lactone, die durch den Angriff des Sauerstoffs an dem Furan-Ring der Diterpene verursacht sein könnten. Ölmodifizierte Alkydharze wurden unter Verwendung von Gemischen aus Kaffeeöl und Leinöl bzw. Holzöl hergestellt. Die erhaltenen Alkydharze zeigten Film-Eigenschaften, die sie für die Verwendung als Bindemittel für Lacke geeignet erscheinen lassen.

Forschungsberichte des Landes Nordrhein-Westfalen

Herausgegeben im Auftrage des Ministerpräsidenten Heinz Kühn
von Staatssekretär Professor Dr. h. c. Dr. E. h. Leo Brandt

Sachgruppenverzeichnis

Acetylen · Schweißtechnik
Acetylene · Welding gracitice
Acétylène · Technique du soudage
Acetileno · Técnica de la soldadura
Ацетилен и техника сварки

Arbeitswissenschaft
Labor science
Science du travail
Trabajo científico
Вопросы трудового процесса

Bau · Steine · Erden
Constructure · Construction material · Soil research
Construction · Matériaux de construction · Recherche souterraine
La construcción · Materiales de construcción · Reconocimiento del suelo
Строительство и строительные материалы

Bergbau
Mining
Exploitation des mines
Minería
Горное дело

Biologie
Biology
Biologie
Biologia
Биология

Chemie
Chemistry
Chimie
Quimica
Химия

Druck · Farbe · Papier · Photographie
Printing · Color · Paper · Photography
Imprimerie · Couleur · Papier · Photographie
Artes gráficas · Color · Papel · Fotografía
Типография · Краски · Бумага · Фотография

Eisenverarbeitende Industrie
Metal working industry
Industrie du fer
Industria del hierro
Металлообработывающая промышленность

Elektrotechnik · Optik
Electrotechnology · Optics
Electrotechnique · Optique
Electrotécnica · Optica
Электротехника и оптика

Energiewirtschaft
Power economy
Energie
Energía
Энергетическое хозяйство

Fahrzeugbau · Gasmotoren
Vehicle construction · Engines
Construction de véhicules · Moteurs
Construcción de vehículos · Motores
Производство транспортных средств

Fertigung
Fabrication
Fabrication
Fabricación
Производство

Funktechnik · Astronomie
Radio engineering · Astronomy
Radiotechnique · Astronomie
Radiotécnica · Astronomía
Радиотехника и астрономия

Gaswirtschaft
Gas economy
Gaz
Gas
Газовое хозяйство

Holzbearbeitung
Wood working
Travail du bois
Trabajo de la madera
Деревообработка

Hüttenwesen · Werkstoffkunde
Metallurgy · Materials research
Métallurgie · Materiaux
Metalurgia · Materiales
Металлургия и материаловедение

Kunststoffe
Plastics
Plastiques
Plásticos
Пластмассы

Luftfahrt · Flugwissenschaft
Aeronautics · Aviation
Aéronautique · Aviation
Aeronáutica · Aviación
Авиация

Luftreinhaltung
Air-cleaning
Purification de l'air
Purificación del aire
Очищение воздуха

Maschinenbau
Machinery
Construction mécanique
Construcción de máquinas
Машиностроительство

Mathematik
Mathematics
Mathématiques
Mathemáticas
Математика

Medizin · Pharmakologie
Medicine · Pharmacology
Médecine · Pharmacologie
Medicina · Farmacología
Медицина и фармакология

NE-Metalle
Non-ferrous metal
Metal non ferreux
Metal no ferroso
Цветные металлы

Physik
Physics
Physique
Física
Физика

Rationalisierung
Rationalizing
Rationalisation
Racionalización
Рационализация

Schall · Ultraschall
Sound · Ultrasonics
Son · Ultra-son
Sonido · Ultrasónico
Звук и ультразвук

Schiffahrt
Navigation
Navigation
Navegación
Судоходство

Textilforschung
Textile research
Textiles
Textil
Вопросы текстильной промышленности

Turbinen
Turbines
Turbines
Turbinas
Турбины

Verkehr
Traffic
Trafic
Tráfico
Транспорт

Wirtschaftswissenschaften
Political economy
Economie politique
Ciencias económicas
Экономические науки

Einzelverzeichnis der Sachgruppen bitte anfordern

Springer Fachmedien Wiesbaden GmbH

GPSR Compliance

The European Union's (EU) General Product Safety Regulation (GPSR) is a set of rules that requires consumer products to be safe and our obligations to ensure this.

If you have any concerns about our products, you can contact us on ProductSafety@springernature.com

In case Publisher is established outside the EU, the EU authorized representative is:

Springer Nature Customer Service Center GmbH
Europaplatz 3
69115 Heidelberg, Germany

Batch number: 10584556

Printed by Printforce, the Netherlands